U0312785

传统与现代庭院空间设计研究

赵玉国◎著

GMSKWK

光明社科文库 GUANG MING SHE KE WEN KU

光明日报出版社

图书在版编目（CIP）数据

传统与现代庭院空间设计研究 / 赵玉国著 . -- 北京：
光明日报出版社，2018.8
ISBN 978 - 7 - 5194 - 4571 - 3

Ⅰ. ①传… Ⅱ. ①赵… Ⅲ. ①庭院—园林设计—研究
Ⅳ. ①TU986. 2

中国版本图书馆 CIP 数据核字（2018）第 199193 号

传统与现代庭院空间设计研究
CHUANTONG YU XIANDAI TINGYUAN KONGJIAN SHEJI YANJIU

著　　者：赵玉国

责任编辑：刘兴华　　　　　　　　　特约编辑：张　山
责任校对：赵鸣鸣　　　　　　　　　封面设计：中联学林
责任印制：曹　净

出版发行：光明日报出版社
地　　址：北京市西城区永安路 106 号，100050
电　　话：010 - 67078251（咨询），63131930（邮购）
传　　真：010 - 67078227，67078255
网　　址：http：//book. gmw. cn
E - mail：liuxinghua@ gmw. cn
法律顾问：北京德恒律师事务所龚柳方律师

印　　刷：三河市华东印刷有限公司
装　　订：三河市华东印刷有限公司
本书如有破损、缺页、装订错误，请与本社联系调换

开　　本：170mm×240mm
字　　数：206 千字　　　　　　　　印　张：10.5
版　　次：2019 年 1 月第 1 版　　　　印　次：2019 年 1 月第 1 次印刷
书　　号：ISBN 978 - 7 - 5194 - 4571 - 3
定　　价：45.00 元

前　言

　　庭院空间在过去是一个很普通而又普遍存在的空间，像北京的四合院、山西的王家大院、苏州的私家园林等都是庭院文化的典型代表。然而到了当今社会，面对城市寸土寸金的土地，庭院空间却变成了非常奢侈的空间。庭院，这种人为的自然空间，由于周围环境的变化以及现代社会的重重压力，再次成为人们向往的地方，它在某种程度上满足了我们对大自然的追求。在人们生活方式改变的前提下，传统精髓的庭院文化如何应对现代的生活空间呢？这是一个亟须研究的课题。由于庭院逐渐发展到建筑空间中，甚至包括室内环境的空间。只要通过对这种空间的设计，并继承传统庭院文化意境的营造，一样可以创造出接近自然的庭院空间。

　　本书以传统庭院空间的构成方式与构成要素为切入点，以如何在现代庭院设计中继承与发扬传统要素，对现代庭院构成和设计方法等方面进行了初步的研究。首先对庭院的相关概念、基本理论及中西方的发展历程进行阐述。其次归纳总结了庭院空间的类型与平面布局，分析传统庭院的种类和构成方式，并据此对传统庭院的构成要素与意境要素进行分析，说明传统庭院的构成与意境的关系。最后通过现代建筑中的庭院空间特征与传统庭院的关系的阐述，分析现代庭院设计方法及处理手段以及在庭院设计中对传统庭院文化的借鉴中所存在的误区。通过设计案例分析优秀的庭院设计应是现代庭院设计与传统庭院文化有着良好继承关系。探讨现代城市住宅新的院落形式以及现代住宅中如何引入庭院空间，为如何在现代庭院空间中继承传统庭院文化阐述自己的观点。

本书主要总结出以下两个观点：一是传统的庭院与现代庭院的关系。在现代建筑的庭院空间设计中，利用现代建筑中的竖向空间，借鉴和运用传统庭院的构造与意境，让传统庭院以新的形式出现，并与以往传统庭院不同，但人际的交往、人在庭院空间的感受，依然能够接近传统庭院的文化。二是传统庭院中的意境在现代庭院中的运用。通过有限的空间表达无限的意境，现代建筑空间比过去要小得多，人们同自然的关系越来越远，通过庭院的意境创造，能够在狭小的空间中再造无限的自然，给人们更加自然、和谐的生活环境。

庭院文化与庭院设计是中国传统建筑的瑰宝。写作过程也

是一个学习过程，许多问题从模糊到清晰。由于时间短及笔者
学识所限，对庭院空间的研究还仅仅处于初级阶段，还应进一
步深化与完善对庭院空间的系统化研究，书中不妥或漏缺之
处，恳请读者批评指正。

作　者

目 录
CONTENTS

一　绪论

1.1　研究背景和意义

1.1.1　研究背景

改革开放40年来，伴随中国城市化进程的加快，人口的不断增多和聚集使城市面临着巨大的人口压力和土地紧缺等问题，现代住宅小区外环境的设计已更多地成为开发商楼盘的一大卖点和多高层住宅建设就成了开发商们实现超额利润的唯一出路。水平延展城市天际线的趋势逐渐被垂直的竖向建筑轮廓所打破，人们的活动范围被局限在远离地面的高空之上和充斥着人工痕迹的建筑之中。铜墙铁壁似的钢筋混凝土构筑物使城市之间的可辨别性日益模糊，防盗门、防盗窗等安全防卫设施的设置使人们将自己时刻置于危险之中，建筑的冷漠性阻碍了人与人之间的交往，导致了邻居之间的老死不相往来，大多数人将自己武装在

"家"这个保护壳中，这些高楼大厦与密密麻麻的住宅小区已经将人们以往心目中"家园"的概念渐渐遗忘。在现代城市生活中，庭院空间已经淡出人们的视野，传统庭院的自然氛围和文化气息已被现代化的高楼大厦所掩盖。在中国五千年的历史长河中，积淀了深厚的传统文化，特别是明清后文人雅士参与园林的设计与建造，出现了众多足以流传千古的园林，也留下了很多关于庭院文化的典故和佳话，如今都离人们渐行渐远。

因此，对于将中国传统庭院空间文化设计要素更大限度地引进垂直发展的超密度、超高度现代庭院空间中，将是一个值得思索的课题。

1.1.2 研究意义

庭院作为一种传统的建筑空间形态，蕴涵着传统的价值意义和文化内涵；它的空间围合形式和空间构成以及它在建筑中起到的不可或缺的作用，使其在中国的居住文化中占据着举足轻重的地位。

庭院反映的是对土地的眷恋，是将再现的自然植入现代生活方式中，是人们对居住的一种观念，是居住文化的一种积淀。庭院具有密集与疏散、对称与协调、严整与均衡之美。庭院表达了人们对生活的态度，正所谓环境改变人。

但是在现代城市生活中，由于各种各样的原因，庭院空间文化渐渐地从人们的生活中消失了。当人们渴望美好的庭院生活的时候，却又不得不面对一些新的问题——人口和土地之间的矛盾，人口不断增多和聚集，城市面临巨大的人口压力和土地紧缺问题日益突出。

随着社会的发展、人们生活质量和审美情趣的提高，居住区庭院设计的要求也相应地提高，没有文化内涵的庭院设计已满足不了人们的审美需求。庭院是人们的"精神和文化的空间"，是人们生活的主要场所之一，是人与自然互动的空间。庭院是建筑艺术，具有历史继承性、地域性、民族性。在生活方式改变的前提下，庭院文化如何传承和发展，如何应对现代的生活空间，如何将传统建筑中庭院的处理手法巧妙地融合到现代建筑庭院的设计中，为现代社会服务，这是现代设计师所要认真思考的问题，也是本研究的意义所在。

1.2　研究现状

1.2.1　国内现状

我国现阶段建筑领域的研究人员对传统庭院空间的研究从不同视角提出了许多深刻的见解。

在研究成果中关于我国传统院落的研究比较深入。例如：刘敦桢先生在《中国住宅概说》中通过纵横两个方面的论述，对我国民居进行了分析研究和总结。孙大章先生所著《中国民居研究》分别叙述了中国民居的历史、分类和各种典型民居形制，对民居空间构成、结构、美学表现以及民居研究与保护等做了分析，是一项较全面的研究成果。任军所著《文化视野下的中国传统庭院》以空间和文化为基础，以类型学的理性分析为研究方法从传统文化中概括出传统庭院的体系特征。李允鉌先生的《华夏意匠》和侯幼彬先生的《中国建筑美学》则从中国传统院落空间组织方式的角度进行了论述。以上多是对院落本身的研究，以构成要素为研究对象或是以构成要素的空间关系为研究对象。而从传统院落空间形态及空间传达的传统文化内涵在现代建筑中的应用角度来讲，研究成果则多见于零散的建筑期刊中。

1.2.2　国外现状

传统庭院在国外专著中有所涉及，但是在现代建筑中庭院作为外部空间设计又是不可缺少的空间设计元素，从住宅到公共建筑都可见到这种空间组成部分。日本芦原义信所著的《外部空间设计》一书通过对比，分析意大利和日本的外部空间，提出了积极空间、消极空间、加法空间、减法空间等一系列概念，并结合建筑实例，对庭园外部空间的设计提出了一些独到的见解。日本原口秀昭所著《世界 20 世纪经典住宅设计——空间构成的比较分析》一书通过分析现代的典型小型住宅，提出了建筑空间从中心性向均质性的发展过程。诺伯格·舒尔茨在《存在·空间·建筑》中指出："在房屋中进行各种活动，它们是作为统一的整体而表现为生活的一个形态。庭院空间存在于建筑中，是建筑整体的一个组成部分，其形态必然为建筑整体的形态所控制和决定。"

现代主义建筑大师们也提出了很多关于庭院空间与室内、室外空间关系的理论。密斯·凡·德罗在范斯沃斯其住宅作品中实验了空间的流动性，并在巴塞罗那世博会上德国馆的设计中把这一概念体现出来，并用隔墙界定连续空间，形成流动连续的空间感，室外的庭院空间也参与到整个空间设计中来，成为必不可少的一部分，整个建筑形成室外空间室内化的全新的空间感受。柯林·罗的空间透明性理论的主要观点是建筑可以突破时间和空间的限定，人在静止的状态下也可以感受各个层次的空间之间的渗透，相互渗透又互不影响，体验平面和立体之间的矛盾感受以及室内空间向室外空间的延伸。这种用时间和空间的维度来分析空间的思维方法与中国传统园林的造园空间处理方式有着惊人的相似。荷兰结构主义大师范艾克，对于室内与室外之间的这个媒介空间提出中介空间概念，让室内空间与室外空间的明确的界限被打破。黑川纪章从日本传统文化的角度挖掘建筑深层次的内涵，提出了"灰空间"的概念，使建筑形态更丰富。

综上所述，庭院空间无论在传统建筑还是现代建筑中都是一个极受关注的空间元素，西方一些理论中的空间的思维方法与中国传统园林的造园空间处理方式也有着惊人的相似，为传统庭院在现代建筑空间中的运用提供了更多的有力支撑。

1.3 研究视角

1.3.1 研究内容

由于"庭院"存在过于平常，过于自然，往往使人们忽略了对庭院本身的思考。如何定义庭院？庭院有什么样的形式？庭院究竟有什么样的功能？庭院对于人们的生活有什么影响？这些都是人们研究的方向。本书对传统庭院文化内涵、庭院空间构成形式、构成要素、设计方法等以及传统庭院空间与现代庭院空间的关系等方面进行了深入分析和探讨（如图 1 - 1 所示）。

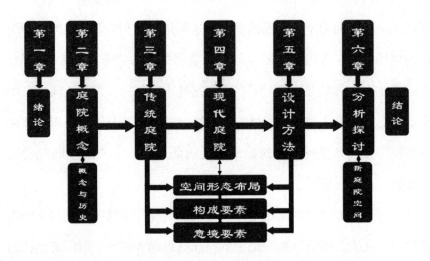

图 1-1　文章结构

本书写作思路分六部分：

（1）绪论

提出问题，阐述研究背景、国内外研究现状和意义，交代研究方法和文章的结构安排等。

（2）庭院的概念及发展史

阐述庭院的相关概念、相关的基本理论以及庭院空间在中西方的产生及发展历程。

（3）传统庭院空间分析

首先阐述庭院空间的类型与平面布局，分析传统庭院的种类，然后归纳总结出传统庭院的构成方式，并据此对传统庭院的构成要素与意境要素进行分析，说明传统庭院的构成与意境之间的关系。

（4）现代庭院空间的产生与构成

阐述了现代庭院空间的发展、空间理论对庭院空间设计的影响，并据此重点分析了现代建筑的庭院空间构成特征及要素，寻求现代建筑庭院设计与中国传统庭院设计之间的共性。

（5）现代庭院空间的设计方法

通过比较中国传统庭院空间与现代庭院空间在空间构成上的共性，分析中国传统庭院空间与现代庭院空间的关系，归纳总结现代庭院设计方法、处理手段以及在现代庭院设计中对传统庭院文化的借鉴中所存在的误区，阐述个人对继承传统庭院文化的观点。力图通过这种共性来探讨现代庭院中运用传统庭院结构与意境的合理性和可行性。

（6）现代庭院设计的案例分析与探索

通过举例分析贝聿铭的北京香山饭店及黑川纪章的日本民族学博物馆，阐述优秀的庭院设计是现代设计与传统庭院文化的良好平衡，应该在继承传统文化的基础上设计现代庭院，发挥传统庭院文化的作用。并进一步探讨了现代城市住宅新的院落形式以及现代住宅中如何引入庭院空间，为如何在现代庭院空间中继承传统庭院文化阐述自己的观点。

在总结部分对未来的研究方向做了一些展望。

1.3.2 研究的重点与亮点

本书研究的重点在于通过研究传统庭院空间文化如何在现代庭院空间设计中继承与发扬，体现具有民族特色的庭院设计方面进行了初步的研究。其亮点有两处：一是研究视角的创新，研究传统文化如何在庭院设计中更好地应用，重点阐述传统庭院文化的应用方法；二是在庭院设计中，阐述了意境创造的问题，这也是传统庭院文化中的精华所在，通过有限的空间创造无限的意境。

1.3.3　研究方法

（1）文献阅读和研究：通过阅读相关著作、论文，历史文献资料，收集相关设计实践资料，加以分析、整理，根据传统庭院空间的特性、空间类型从整体到局部展开，从研究庭院的历史文化关系，到研究庭院的构成方式，再到庭院的意境，主要分析传统庭院空间的本质和传统文化内涵之间的联系。

（2）分类解析的方法：研究中运用类型学分析传统庭院空间形态，把传统居住庭院空间关系通过抽象，简化形态，从而归纳出传统居住庭院的本质空间关系和设计手法。寻求庭院空间设计中国内和国外、传统和现代的共性，并归纳出庭院设计中应该被重视的设计要素。

（3）比较分析的方法：分析现代庭院设计，同传统庭院进行对比，探讨空间构成上的共性，分析中国传统庭院空间与现代庭院空间的关系，以及现代庭院中运用中国传统庭院结构与意境的合理性和可行性。

二　庭院的基本概念及发展史

2.1　庭院的基本概念

2.1.1　庭院的概念

"庭院"二字在《辞源》中是这样解释的："庭者，堂阶前也；院者，周垣也。"在古代，"庭"和"院"的解释是有区别的："堂下之门，谓之庭"，庭是很小的室外空间；而院则是指由四周建筑物围合而成的较大范围的空间，"宫室有垣墙者谓之院"。通常，我们将"庭"与"院"结合使用，已经模糊了二者之间的细微区别，用来泛指建筑物前后左右或被建筑物围合的中心场地。

《辞海》中，"院"，指房屋围墙以内的空地，"落"，内涵定居和居住的含义，如聚落、村落等，而"院落"指四周有墙垣围绕、自成一统的房屋及庭院，是一空间层次。因此，"庭院"二字合在一起，就构成了建筑庭院空间的基本概念：由建筑与墙围合而成的室外空间，并具有一定景象。可以理解为庭院用墙垣围合的在堂前的空间，这是由外界进入厅堂的过渡空间，有绿化、石景、建筑等。庭院四周有墙垣围合，形成比较私密的空间，它的尺度以堂的大小决定。起初庭院只由四周的墙垣界定，后来围合方式逐渐演变成以建筑、柱廊和墙垣等为界面，形成一个内向型的、对外封闭对内开放的空间。

在我国传统意义上，庭院的含义有狭义和广义之分：狭义庭院是指位于建筑和建筑群中，由围合要素限定，顶部开敞，位于主要建筑物之前的室外空间。"庭"限定了"院"的所指范畴，是一种具有特定空间位置的院——"堂前之院"。广义庭院是指包含狭义庭院以及围合建筑和其他实体要素在内的统一整体。

庭院空间是中国建筑中最为显现的一种特征，中国传统庭院是一个独特的建筑文化现象。

2.1.2 庭院的文化内涵

庭院，是中国建筑的重要组成部分，它蕴含了深厚的传统文化，其基本手段是围合，表现形式是院落，是古代建筑的核心基本概念，这种基本概念也是中国古代以房屋建筑围绕院落向心而筑的基本建筑模式。自古以来传统建筑空间在不同地域及不同类型的建筑空间都会采用"庭院"这种空间原型来组织单体与群体空间。它也使得建筑单体本身与所处外部环境、建筑单体与建筑单体、群体与群体，成为一个以"庭院"为建筑原型的系统空间。无论是庭院面积的变化还是庭院形状的不同，都是当地人们在不断应对恶劣气候的基础上做出的努力和尝试，充分体现人类适应自然尊重自然的生活态度。

（1）"天人合一"的自然哲学

中国传统文化崇尚"天人合一"，人同自然的关系不是征服，不是"人定胜天"，而是顺应自然，按自然的规律办事，同自然相和谐。《皇帝宅经》曰："宅者，人之本。人宅相扶，感通天地。"这句话道破了住宅的重要性以及人与自然、天地的和谐统一。中国的住宅建筑大多是以庭院为中心营造的，庭院强调人与自然的和谐，对自然的热爱致使中国的住宅庭院营造出一种"移天缩地"的设想，利用山、石、草、木甚至鸟鱼，将整个大自然缩影到一方庭院之中。它反映了一种对自然的高度崇拜与亲近，而不是掌控。把"自然看成是一个和人类密不可分的超级生命体，人类是自然万物中最灵秀、最尊贵者，其贵在于善思能辨，能意识到自身的价值。人类最伟大和尊贵不是表现为对天地万物、对自然界的征服，而是在于人类能自觉地为整个大自然着想，善于事天、补天，和大自然共发展共、共存亡。"传统庭院的自然哲学是人与自然的和谐共存。在中国古代文献中经常可以见到对自然的保护和热爱的记载，孟子说过："不违农时，谷不可胜食也；数罟不入洿池，鱼鳖不可胜食也；斧斤以时入山林，材木不可胜用也。"（《孟子》，万卷出版社 2009 年版。）这里明确表明人对自然的尊重、热爱、利用、保护的理念。"崇尚自然，师法自然"是传统庭院的根本特征，传统庭院的最高境界是"妙造自然"，这种"天人合一"的自然哲学体现在有限的庭院空间把建筑、山水、植物等有机地融为一体（如图 2-1 所示）。

图 2 - 1　苏州园林

中国传统庭院从来就是一个将自然景物融入庭院一体的环境。中国传统住宅中的重重庭院是房屋主人的一方私人天地。唐代东、西两京城中流行"山池院"或"山亭院"式住宅庭院，在庭院内，天光、水色、山石、树木、花草、丛竹，是房屋主人读书之余的休憩空间，也是与外界沟通的空间。这种将自然景观融进庭院的理念一直影响到明清时期的北方四合院以及南方带有私家园林的士大夫住宅。可见，人们对自然的渴望与追求是一如既往的。

（2）崇尚"虽由人作，宛自天开"的营造思想

"轩楹高爽，窗户虚邻；纳千顷之汪洋，收四时之浪漫。梧荫匝地，槐荫当庭；插柳延堤，栽梅绕屋。结茅竹里，浚一派之长源；障锦山屏，列千寻之耸萃。虽由人作，宛自天开。"这段话是计成对园林景

致传神的描写。传统庭院以山水、花木等为基础，以山水画为依据，经过奇妙构思达到"虽由人作，宛自天开"的艺术效果。庭院不是单纯地模仿自然，而是要求设计者真实地反映自然，理解自然、高于自然（如图2-2，图2-3所示）。

图2-2　拙政园　与谁同坐轩

图2-3　拙政园　小飞虹桥

李渔《闲情偶寄》说："但取其简者，自然者变之，事事以雕镂为戒，则人工渐去，而天巧自呈矣。"庄子曾说："朴素而天下莫能与之争美。"传统庭院强调"天趣自然"，反对违背自然的人工造作，追求自然精神境界。比如苏州拙政园，经过造园家的巧妙布置，原来的一片洼地便形成了池水迂回环抱，似断似续，花木屋宇相互掩映、清澈幽曲的园林景色，真可谓"虽由人作，宛自天开"的佳作。传统庭院设计置山设水，在随意间流露出自然山水的清新，宛如一幅立体的山水画卷（如图2-4所示）。

图2-4 苏州园林的天然之美

"宛自天开"作为造园艺术的最高境界，追求的是天然的"意境"，这意境是由山水、花木等自然物的组合所衍生出的。传统庭院的"虽由人作，宛自天开"的境界为天然之美，追求"大朴不雕""大巧若拙""清如芙蓉出水，天然去雕饰"之美。庭院中所理之景符合山水花木的自然生成规律，池沼要和自然之水一样曲折自然，达到不露人工痕迹的天然美，传统庭院追求保持景致的天然形态。

（3）传统庭院的审美体现

①意境美

意境是中国诗歌、绘画艺术创作居于核心地位的美学概念，是中国特有的美学范畴。宋欧阳修曰："状难写之景，如在目前；含不尽之意，见于言外。"南宋严羽曰："言有尽而意无穷。"可见古代诗人对意境的理解是只可意会不可言传的。园林庭院营造受诗歌、绘画的影响，带有浓厚的情感表达，追求诗情画意般的意境，这种"意境"美带给人精神上的愉悦。艺术意境具有"情景交融、虚实相生、意与境谐以及韵味无穷"的审美特征，传统庭院是建筑、山水、花草、树木等综合的统一体，在普通的庭院景象中寄托园主的情感和意趣，因此庭院意境产生于多种园林艺术要素的综合效果。人在欣赏这些庭院景色时"情景交融"或是由景致引起人的丰富"想象联想"，人与景色达到物我合一、心有灵犀的境界。如拙政园的听雨轩，这里遍布芭蕉、荷叶，居此听雨，意境绝妙，别有韵味，给人以不同的感受（如图2-5所示）。

图2-5 拙政园 听雨轩

②含蓄美

中国山水绘画、诗词歌赋力求委婉、含蓄，传统庭院的营造受其影响深远，庭院讲究含蓄美在于藏、曲、隔、虚、象外之象、言外之意。庭院布局上常故意封闭空间，层层隔挡，让幽深的景象半含半露，曲径通幽，步步展开，最后豁然开朗，其意在柳暗花明处，大有"犹抱琵琶半遮面"的含蓄美。景外有景，象外有象，壶中天地于是变宽了，一勺之水也见了深处，一拳石也葆有了曲处。庭院的"曲与深"最能表达含蓄美，在有限空间内采用"隔"达到"曲与深"的艺术效果，常常采用"欲扬先抑""曲径通幽"的手法表达庭院的含蓄美（如图2－6所示）。

图2－6　庭院的含蓄美

庭院对于中国人而言，不仅是一个生存的物质空间，更是一个精神空间，是整个建筑群体中的精华所在。"天覆地载"是中国传统建筑的基本意象的表达，屋宇象征着"天覆"，台基则象征"地载"，一屋一室已是乾坤了。在人类不断完善居住环境的过程中，对于建筑的要求不仅是满足遮风挡雨、生活起居这些基本的生存要求，更注重满足居住的心理、道德社会伦理和审美等诸多方面的精神需求，庭院正是将物质空间和精神空间融为一体的理想空间。中国建筑中的庭院元素，如房屋建筑单体、山石、花草、亭榭等，它们之间的关系以及与庭院所处的外部环境的关系，都体现着中国传统建筑观念从来都不是建筑配上景观的关系。中国传统庭院建筑观念乐山乐水，并趋向与自然达到某种共存关系，这些是中国传统庭院建筑观念基本的价值取向。

2.1.3　前人对庭院的理解

在中国，不同时代、地域的建筑多采用庭院形式或类似庭院的绿化组成来组织空间。同时，庭院还作为室内与室外、单体与群体的纽带而与中国传统建筑的各个方面发生普遍的联系。

前人对庭院研究通常分为两种，一是以历时性的方法研究各个朝代中传统庭院的特点；二是以功能性的方法研究各种建筑类型的庭院特征，如宫殿、庙宇、民居等，不同的建筑学专家对庭院的研究成果不同：

（1）梁思成

梁思成先生认为，庭院是中国古代建筑的灵魂。中国传统建筑围绕庭院布局，庭院是"室外起居室"，并认识到庭院在视觉上的特殊影响。中国，是用建筑物围成空间，庭院在其中；西洋，是花园、庭院包住洋房，各有优劣，但关键是扬我精华、博采众长。[1]

2. 贝聿铭

建筑大师贝聿铭先生对中国传统的庭院文化有自己独特的见解和运用。来京考察位于西单路口的中国银行总部大厦时，记者问他在中银大厦的设计中有没有考虑中国的因素，他答道："民族的东西我把它做到里面，楼内有园，是空的，像四合院，四合院里面就是空的，有天井。在建筑里面做花园，国外也有，可是我们是中国的做法。中国的园林在艺术上，可以说在世界范围内都很有地位。"

3. 刘敦桢

刘敦桢先生认为，中国建筑体系"在平面布局方面具有一种简明的组织规律。就是以'间'为单位构成单座建筑，再以单座建筑组成庭院，进而以庭院为单元，组成各种形式的组群"。"四合院的四角通常用走廊、围墙等将四座建筑连接起来，成为封闭性较强的整体。这种布局方式适合中国古代社会的宗法和礼教制度，便于安排家庭成员的住所，使尊卑、长幼、男女、主仆之间有明显的区别。同时也为了保证安全、防风、防沙，或在庭院内种植花木，造成安静舒适的生活环境。因此，在长期的奴隶社会和封建社会中，在气候悬殊的辽阔土地上，无论宫殿、衙署、祠庙、寺观、住宅都比较广泛使用这种四合院的布局方法。"[2]

4. 黑川纪章

黑川纪章重视日本民族文化与西方现代文化的结合，认为建筑的地方性多种多样，不同的地方性相互渗透，成为现代建筑不可缺少的内容。他提出了"灰空间"的建筑概念，这一方面指色彩，另一方面指介乎于室内外的过渡空间。对于前者他提倡使用日本茶道创始人千利休阐述的"利休灰"思想，以红、蓝、黄、绿、白混合出不同倾向的灰色装饰建筑；对于后者他大量采用庭院、过廊等过渡空间，并放在重要位置上。

5. 吴良镛

吴良镛教授特别重视人居环境的建设与传统建筑文化的保护与继承。在北京的菊儿胡同，吴良镛教授通过庭院式住宅，表达了一种可能性：既容纳一个相对高的人口密度，又同时给每一个家庭提供一小块私密的室外空间和绿地，且只与他们的近邻分享。这种布局给保护区域内和历史性建筑附近的小片地段提供了发展和再发展的可能。对局外人来说，这种方法以适应今天的需要的方式，保护了传统住宅的原则。这样可以延长古老建筑和园林的寿命、使用期限和特性，降低了维护费用。

6. 伊东忠太

伊东忠太在《中国建筑史》中列图比较了中国传统建筑类型，并得出结论："宫殿、佛寺、道观、文庙、武庙、陵墓、官衙、住宅等，大都以同样之方针配置之。即中间置最主要之大屋，其前为庭，庭之两旁取左右均齐之式，而以廊连接之。"[3] 他指出不同类型的中国建筑均采用庭院布局，且其布局特征有一定之规。

7. 李允鉌

李允鉌在《华夏意匠》中重新分析了中国古典建筑的设计意念，对庭院也有了更进一步的理解，归纳起来有以下几点：庭的产生是由防卫功能导致的。"门堂分立"的庭院形式在"礼"的注释下更为牢固地树立起来。庭院是建筑群平面组织的基本单位，庭院组织方式是中国建筑的基本形制，是一种灵活性很大的通用式设计。庭院与城市规划和室内设计间有密切的关系。[4]

8. 缪朴

缪朴在《传统的本质》一文中提出的中国传统建筑的 13 个特点有一半与庭院有关。即"分隔"（体现庭院的围合性）、"按人分区为主"（不以功能分区，庭院容纳各种功能，分区按家族及其他社会集团进行）、"微型宇宙"（庭院从功能到文化，从生理到精神万物俱备）、"室内外合作"（传统生活方式决定室内与庭院融合）、"主从单元的串联"（庭院群的方向性、序列感）、"人工与自然分离""简单的背景"。另外还有一些对庭院特征的分析，如"有无相生，时空一体"等。[5]

2.1.4　庭院与建筑、室内的空间关系

我们通过对前人关于庭院的理解、分析得出：

人们的活动范围可以分为室内和室外，这就要求人类不仅需要建造房屋，而且需要建造适宜的外部空间，即建筑的内部空间和建筑的外部环境空间。

庭院空间在建筑之中，是室内空间的完善和补充，庭院空间是室内空间的扩展和延伸，庭院空间是整个建筑空间的重要组成部分。

庭院存在于建筑空间和自然空间，既是对室内活动场地的扩大和补充，又是对室内活动场地的完善与自然空间的过渡，因而可以说庭院空间又是建筑与自然的中介性和过渡性空间。

在庭院建筑的设计当中，建筑师对庭院或赋之以形，或赋之以景，在形、景之中，也就蕴含了情。这样，建筑的庭院空间就成为一种特殊的空间形式，它是人为化、人性化了的自然空间，是在某种程度上艺术化再现自然的一种空间艺术。

2.1.5 对庭院认知的局限性

（1）对庭院的研究，很多仅仅是将其作为传统建筑的一个组成部分，研究庭院在传统建筑中的地位及意义，研究它的文化内涵，并没有通过更深地研究庭院的传统要素，将传统要素与现代社会中建筑设计的影响及应用联系起来。

（2）关于庭院的文化传承、空间结构、设计构思、造园工艺等作为一个系统进行单独的有针对性的考察，研究比较孤立且零散，对庭院的理解缺少整体性、深刻性，对现代建筑设计、园林设计缺乏更有力的指导性。

（3）对庭院的研究没有从"居住"的性质着手。庭院文化的根本在居住建筑空间的产生，由居住空间而产生了庭院，是人的生活由私密性空间到开放性空间的一个过渡。

（4）以往的传统研究方法通常是把握整体而缺乏科学分析，庭院研究很少将当代庭院文化与设计特点同传统庭院文化相结合。

（5）对庭院的整个组织结构研究系统性不强，没有把庭院和建筑空间联系起来。庭院不是孤立存在的，庭院群体的组织是中国传统建筑组成的重要部分。少有通过对传统建筑与庭院分析去研究现代建筑与庭院的关系，尤其是室内、庭院、城市三个空间层次间的联系。

（6）对传统庭院的研究缺乏实际应用，或者说在现代庭院设计中，应用传统庭院元素较少。传统庭院理论研究与当代设计实践距离较远，缺少一种转换机制。

2.2 庭院空间的历史和发展

2.2.1 我国庭院空间的历史和发展

中国庭院建筑的空间布局形式，从最早的自然洞穴到棚子，由圆形穴地群落过渡到方形公屋。多样化的地理气候、环境和多民族的生活习俗决定了中国庭院建筑的样式选择，出现了以四合院和天井院两种模式为代表的建筑雏形。

在北方，我们的祖先在土穴中，以黄土为壁，木为架，加上草泥建造最原始的居所，陕西半坡遗址中的圆形房屋、方形房屋，基本上就是这类型居所，这一时期已经有穴居开始升至地面成为半穴居居所。以南北方向为轴线，用房屋围成院落的布局，已经出现迹象。庭院始终保持封闭围合的形式，这在新石器时期的村落平面布局中可以证实（如图2－7所示）。

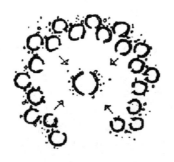

图2－7 新石器时代村落遗址示意图

南方多雨潮湿，建筑多用竹木材料，出现了"干栏式"木结构建筑。浙江余姚河姆渡遗址就是这种建筑的典型例子。南北住宅形式的差异一开始就已形成。

陕西岐山凤雏村的早周遗址是我国已知最早、最严整的四合院实例，由二进院落组成。并且各功能建筑单体已经形成中轴线排列，前堂和后堂由廊联结。院落四周有檐廊环绕。屋顶已经开始采用瓦片（如图2-8所示）。到东汉时期廊院式民居已经很普遍。最初的形式是由廊围合形成院落，主体建筑的体量和规模在整体空间占优势地位，位于轴线偏后方，庭院与主体建筑形成院落的核心。

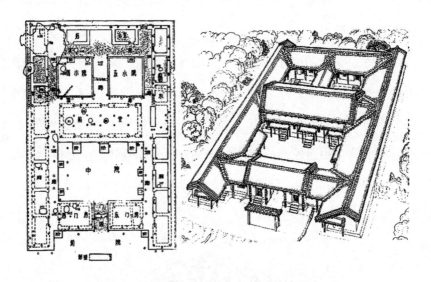

图2-8　陕西岐山凤雏村平面图和鸟瞰图

（1）汉代庭院

2003年，河南内黄县梁庄镇三杨村发现汉代庭院遗址，被称为"中国的庞贝城"据了解，目前已有7处庭院基址得到确认。通过对其中4处的发掘，清理出屋舍瓦顶、墙体、水井、厕所、池塘、农田、树木等大量重要遗迹，并出土了一批反映当时生产、生活状况的文物（如图2-9a～b所示）。

图2-9a 三杨庄遗址

图2-9b 三杨庄遗址 瓦顶

更有意义的是，这几处遗址均为独门独院，有的有大片田垄围绕，虽然规模不大，但都有自给自足的特点。这与史书记载的汉代"庭院经济"十分吻合。北京大学考古文博学院院长高崇文认为：三杨庄遗址将院落和土地联系在一起，对于研究汉代庄园和院落的形成具有非常重要的意义。

（2）唐代庭院

唐朝的住宅没有实物遗留下来。当时文献所述的贵族宅第，只能从敦煌壁画和其他缯画中得到一些旁证（图2－10）。这时期的贵族官员，不仅继承南北朝传统，在住宅后部或

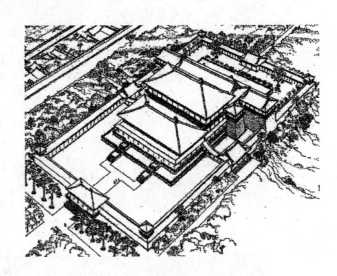

图2－10　唐长安大明宫麟德殿（复原图）

宅旁掘池造山，建造山池院或较大的园林，还在风景优美的郊外营建别墅。这些私家园林的布局，虽以山池为主，可是唐朝士大夫阶层中的文人、画家，往往将其思想情调寄托于"诗情画意"中，同时也影响到造园手法。官员兼诗人的白居易暮年于洛阳杨氏旧宅营建宅园，宅广十七亩，房屋约占面积三分之一，水占面积五分之一，竹占面积九分之一，而园中以岛、树、桥、道相间；池中有三岛，中岛建亭；以桥相通；环池开路；置西溪、小滩、石泉及东楼、池西楼、书楼、台、琴亭、涧亭等；并引水至小院卧室阶下；又于西墙上构小楼，墙外街渠内

叠石植荷，整个园的布局以水竹为主，并使用划分景区和借景的方法。至于社会上层人士欣赏奇石的风气，从南北朝到唐朝，逐渐普遍起来，尤以出产太湖石的苏州，园林中往往用怪石夹廊或叠石为山，形成咫尺山岩的意境。

（3）宋代庭院

宋代建筑的总体布局和唐朝不同，它是沿着轴线排列成若干四合院的组群布局，加强了纵深发展，如正定隆兴寺。另外一些组群的主要建筑已不是由纵深的两三座殿阁组成，而是四周以较低的建筑拥簇中央高耸的殿阁，成为一个整体，如宋画《明皇避暑图》《滕王阁图》和《黄鹤楼图》就见都是如此。这时四合院的回廊已不在转角处加建亭阁，而是在中轴部分的左右建造若干高低错落的楼阁亭台，使整个组群的形象不至于单调。此外，与纵深布局相结合，在主要殿堂的左右往往以挟屋与配殿烘托中央主体建筑的重要性。从这些资料中还可以看到组群的每一座建筑物的位置、大小、高低与平坐、腰檐、屋顶等所组合的轮廓及各部分的相互关系都经过精心处理，并且善于利用地形，饶有园林趣味。

（4）明代庭院

在明代，私家园林的营建极度兴盛。从明代诸多文献可知，当时私家园林极为普遍，几乎全国各地都能见到有关这一时期所营建的园林。当然，由于各地的经济、文化发展的不平衡，各地的园林在数量和质量上存在着一定差别。当时私家园林最为发达的地方主要是北京、南京、扬州、苏州以及江南的太湖流域、杭嘉湖地区等。由于明代造园活动的普遍化，社会上出现了许多专事造园叠山的工匠，同时还有一批生活悠闲而不思仕途进取的文人，他们或将自己的才智用于诗文酬答之上，或放在绘画造园之中，这不仅促进了造园艺术的发展，并且也开始有人将造园这一工匠造作活动形诸文字，所以明代开始出现像《园冶》《长物志》这样的专门的造园专著。

（5）清代庭院

清代园林的发展大致可分为三个阶段，即清初的恢复期、乾隆和嘉庆时代的鼎盛期、道光以后的衰颓期。清代前期经顺治、康熙、雍正三朝的治理，经济秩序基本稳定，生产发展，人口增殖，社会财富有了一定的积累，陆续开始了园林建设。此时主要是整顿了南苑及西苑，初步建筑了畅春园、圆明园及热河避暑山庄。清初的园林皆反映出简约质朴的艺术特色，建筑多用小青瓦，乱石墙，不施彩绘。乾隆、嘉庆近百年间，国家财力达于极盛，园林建设亦取得辉煌成就。此时除进一步改造西苑以外，还集中财力经营西郊园林及热河避暑山庄。圆明园内新增景点48处，并新建长春园及绮春园，通过欧洲天主教传教士引进了西欧巴洛克式风格的建筑，建于长春园的西北区。此时还整治了北京西郊水系，建造了清漪园这座大型的离宫苑囿，即为今日颐和园的前身。并对玉泉山静明园、香山静宜园进行了扩建，形成西郊三山五园的宫苑格局。乾隆时期继续扩建热河避暑山庄，增加景点36处及周围的寺庙群，形成塞外的一处政治中心。与此同时，私家园林亦日趋成熟，基本上形成了北京、江南、珠江三角洲三个中心，尤以扬州瘦西湖私家园林最为著名。

清代私家宅园达到了宋、明以来的最高水平，积累了丰富经验。首先是园林规划由住宅与园林分置逐渐向结合方向发展。在宅园内不仅可欣赏山林景色，而且可住可游，大量生活内容引入园内，提高了园林的生活享受功能。由此引发园内建筑类型及数量增多，密度增高，与宋、明以来的自然野趣欣赏性园林大为不同。其次，由于宅园盛行地区人口众多、用地昂贵，宅园必须在较小的空间用地条件下创造更丰富的景物，因此在划分景区或造景方面产生很多曲折、细腻的手法。如苏州留园的入口建筑序列，网师园的环池建筑布置，都在空间上不断追求变化，开合、收放、明暗、大小等方面交替运用，逐层转换，以达到丰富景观的效果。再次，清代宅园叠山中应用自然奔放的小岗平坡式的土山较少，多喜用大量叠石垒造空灵、剔透、雄奇、多变的石假山，并出现有关石山的叠造理论及流派，这方面以戈裕良所造的苏州环秀山庄假山的艺术成就最为明显。这时期的宅园艺术中也大量引入相关的艺术手段，巧妙地处理花街铺地、嵌贴壁饰、门窗装修、屋面翼角、家具陈设、联匾字画、桥廊小品、花台石凳等艺术形式，为充分表达造园意匠开辟了更广泛的途径。当然，此时期由于物质享受要求深入园林创作之中，造成园林建筑过多，空间郁闭拥塞，装饰繁华过度，形式主义地叠山垒石，不注意植物资源开发，不重视植物造景。这些缺点与不良倾向，在一定程度上妨碍了中国传统山水园林意境的进一步发展与升华。

中国古代建筑自然地与室外的空间相互交融，并成为一体；另一方面是建筑空间以庭院空间为核心而构成空间原型。中国古建筑往往是有屋必有庭，一屋带一庭，一屋带几庭，几屋围一庭等，以此构成了中国古建筑的空间原型。这种近乎标准而又灵活可变的原型，通过组合、排列、拼接、围合、展开等，形成了多种多样的空间形态，诸如宫殿宫邸、民居、园林、庙宇、陵墓等不同类型的建筑，实质是千变万化的建筑类型与千变万化的庭院空间的统一体；是千变万化的庭院空间形态和序列组织的一种表现（如图 2 – 11 所示）。

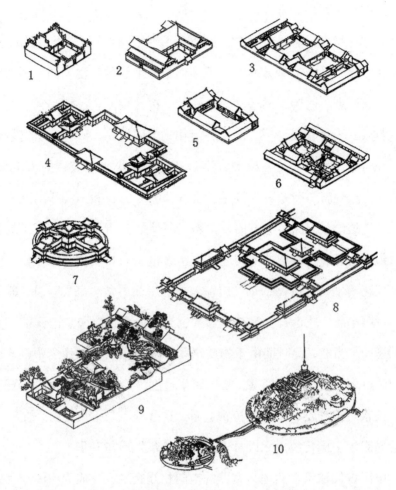

1. 三合院（门形平面）；2. 三合院（H 形平面）；3. 四合院（纵向连接）；4. 敦煌 148 窟壁画中的庭院；5. 四合院；6. 四合院（横向连接）；7. 宋代金明池画中圆形水殿；8. 北京故宫三大殿；9. 苏州网师园（自由布置，没有轴线）；10. 北京北海环岛与围城

图 2 – 11　中国建筑庭院组合示意图

所以，可以说庭院空间是中国古代建筑原型中不可分割的一部分，

庭院空间在中国古建筑中呈现着极大的灵活性和多样性。

2.2.2 国外庭院空间的历史和发展

（1）远古时代

人类围合空间的本能，可以追溯到远古时代，如英国萨利斯巴利发现的原始人石坏就说明了这种本能的特点。从这里我们可以看到原始人类最朴素的空间意识和庭院空间的观念（如图2-12所示）。

图2-12 英国萨利斯巴 原始人石环

在古埃及的神庙建筑布局中，往往以完整封闭的三合院作为神殿序列空间的前导。类似这种庭院空间的手法，几乎成为历史上古典建筑运用前导空间的传统手法，在其后的各种建筑布局中不断出现。

图 2-13　古代罗马庞贝城的潘萨府邸

　　古代西亚和古希腊、古罗马都曾在住宅、宫殿中出现过"天井"和"中庭"的庭院空间。古代罗马庞贝城的潘萨府邸（公元前 2 世纪）

是典型的古罗马府邸之一，是一四合院式的住宅（如图 2 - 13 所示）。
室内装饰富丽堂皇，墙上壁画颜色鲜艳，地面铺砌彩色大理石。在府邸
前部正中的所谓明厅（Atrium）的屋面中央开有采光孔，下有接受雨水
下注的水池，即现代建筑中的"共享空间"构思的起源。明厅之后，
则是一个以列柱回廊环绕的中庭，在这个中庭中央布置有一个较大的供
人观赏的规则形水池。

（2）中古时期

中古时期的欧洲，这种内向的庭院空间也曾在各种建筑布局中出现
过，尤其是在伊斯兰建筑中表现得较为突出，如著名的西班牙格兰纳达
的阿尔罕伯拉宫。

阿尔罕伯拉宫（Alhambra 13 ~ 14 世纪）的建筑群主要围绕两个意
境不同的内向庭院展开，一个是以长方形水池为主的水景庭院，一个是
以华丽装修为主的辅向庭院（如图 2 - 14 所示）。

图 2 - 14　西班牙格兰纳达的阿尔罕伯拉宫

文艺复兴给欧洲带来了文化的繁荣与兴盛，建筑上的成就也出现一
个新的高峰，但是，在建筑庭院空间上并没有引起人们的注意。当时的

建筑结构体系仍然是束缚在沉重封闭的砖石结构体系之中，因而继文艺复兴之后，成为欧洲建筑主要潮流的法国古典主义，仍然是在追求建筑实体本身的雕琢，追求轴线鲜明的几何式构图，追求豪华场面、立体感、规则感的人工花园，室外的庭院空间往往只是以建筑为核心的外部背景。

（3）近现时代

东京帝国大饭店的设计构思，是把建筑空间和庭院空间作为一个统一的整体考虑的，庭院空间和建筑空间的序列同步展开。它以传统的三合院庭院空间作为整个建筑的前导空间，建筑的主体围绕着中庭布局。庭院中都以水池为主景，因而使比较严谨布局中的建筑外观获得了生气。庭院中的景物、小品与建筑主体的细部手法相呼应，从而使该建筑与庭院空间浑然一体（如图2-15所示）。

图 2 − 15　日本东京帝国大饭店

随着 19 世纪现代建筑的兴起，现代建筑师发扬优良传统，汲取古典园林建筑庭院的长处，对如何进行现代建筑庭院空间设计进行了大胆的尝试和探索。1922 年建成的由美国著名建筑师弗兰克·劳埃德·赖特（Frank Llod Wright）设计的日本东京帝国大饭店和密斯·范·德·罗（Mies Van Der Rohe. Ludwig）1929 年设计建成的西班牙巴塞罗那国际博览会的德国馆，这两个著名实例所取得的成就和带来的影响为现代建筑庭院空间设计构思开拓了新的途径。

巴塞罗那德国馆是密斯设计思想的典型表现之一，除了早已为人们所注意到的清晰、简洁，具有抽象美的平面布局以及由此而产生的具有划时代意义的流动空间外，它的庭院空间可能是这个建筑取得成功的关键。那丁字形的大理石长墙所围成的水庭和雕像，给整个建筑空间带来了生机与活力，使整个建筑和建筑空间清澈、明亮，刚柔兼备（如图 2

-16 所示）。

图 2－16　西班牙巴塞罗那　国际博览会德国馆

随着现代建筑的发展，尤其是第二次世界大战后，建筑师们把庭院空间作为建筑一个重要的有机组成部分，已成为建筑创作中的一种倾

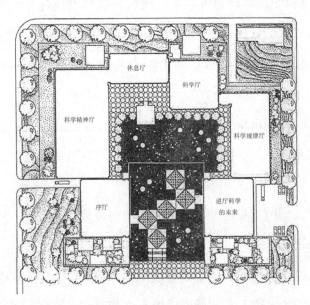

图 2－17a　山崎实西雅图世博会联邦科学馆平面图

向。20世纪50年代美国著名建筑师雅马萨奇（Minoru Yamasaki）的西雅图世博会联邦科学馆（如图2 – 17a～b所示）和爱德华·斯东（Edward DwellSton）的纽约现代艺术博物馆，就是以其作品中置入庭院空间而著称于世（如图2 – 18所示）。

图 2 – 17b 山崎实西雅图世博会联邦科学馆

美国联邦科学馆与常见的西方国家的展览建筑不同，这座博览会上的科学馆没有采取集中式的布局，而采取了将建筑物环绕庭院布置的方式。这个院子中间大部分又是水面，这在西方建筑中是别开生面的做法。雅马萨奇在这个展览建筑中吸取了中国传统庭院一些设计手法。

图 2 – 18 纽约现代艺术博物馆

由于环境建筑学的发展，不少建筑师刻意追求建筑环境的完美，由于巧妙地运用了庭院空间的设计构思，而取得了动人的艺术效果。宜人的建筑环境和独特的建筑表现力，使庭院空间的形态更加多样了。

2.3 本章小结

通过上面的分析，可以发现庭院空间建筑在不同国家地区、不同的历史时期，都是重要的建筑组成部分，不管是国内还是国外，庭院空间都不可或缺地存在。而且，通过各个时期的发展，庭院建筑也在不断发展，由此衍生出不同的设计思想和设计形式。最主要的是，我们应该从前人的成果中发展自己的设计要素，形成自己的特色。

三　传统庭院空间分析

3.1　传统庭院空间的类型

3.1.1　按位置与功能分类

根据庭院空间在建筑中所处的位置和具有的使用功能，可将庭院分为前庭、内庭（中庭）、后庭、侧庭和小院五种。

（1）前庭，通常位于主体建筑的主入口前方，作为室外与室内空间的过渡区，主要供人们出入和组织交通，也是建筑物与道路之间的人流缓冲地带，用以组织人的行进路线和分散人流（如图3－1所示）。

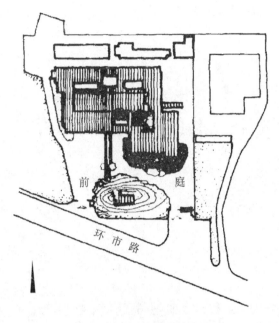

图3-1　白云宾馆前庭平面

（2）内庭，又称中庭。一般指多院落庭院的主庭，供人们起居休息、游观静赏和调剂室内环境（如图3-2所示）。

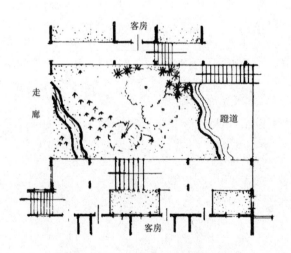

图3-2　广州山庄旅社内庭平面

（3）后庭，一般位于主体建筑的后方。相对其他庭院空间来讲，具有一定的私密性（如图3-3所示）。

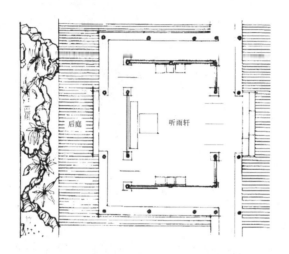

图3-3　苏州拙政园　听雨轩后庭

（4）侧庭，位于主题建筑的侧面，在古时候多属书斋形式的院落，构图比较活泼，庭景十分清雅（如图3-4所示）。

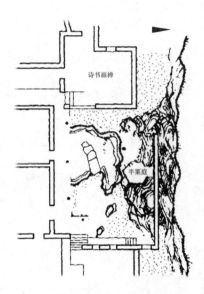

图3-4　南通狼山准提庵侧庭

（5）小院，一般空间体量较小，在建筑整体空间布局中多用以改善局部环境，作为点缀或装饰（如图3-5所示）。

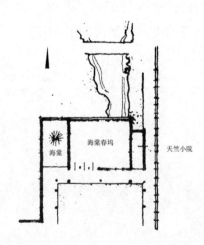

图3-5　拙政园　海棠春坞天竺小院

3.1.2 按地形环境分类

一般可以分为山庭、水庭、水石庭和平庭四种类型（如图 3 - 6a ~ d 所示）。

依一定的山势作庭者，称为山庭。以水景组织庭院者，称为水庭。在水景中用景石的分量较多者，则称作水石庭。水石庭中或以山为主，或以水为主，或水石兼胜。庭之地面平坦者，称为平庭。

图 3 - 6　a 山庭

图 3 - 6　b 水庭

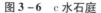

图 3 - 6　c 水石庭

图 3 - 6　d 平庭

3.1.3　按平面布局分类

庭院一般有对称式和自由式两种。

对称式庭院，单院落和多院落有所区别。对称式单院落庭院，功能和内容较单一，占地面积一般不太大。对称或多院落组合空间的庭院，其院落根据建筑物的主、次轴线作对称布局，依据不同用途有规律地组成。一般比较正式的庭院如四合院、皇宫庭院多为对称式庭院（如图3-7所示）。

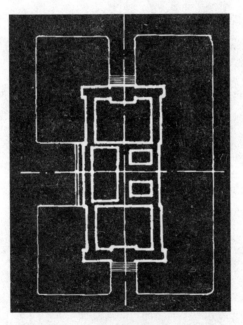

图3-7　中国国家博物馆庭院

自由式多院落组合空间的庭院，一般是由建筑物之间的空廊、隔墙、景架或其他景物相连而成，由此分割出若干个院落空间，相互间相对地保持着独立性，但彼此联系，互相渗透，互为因借（如图3-8所示）。

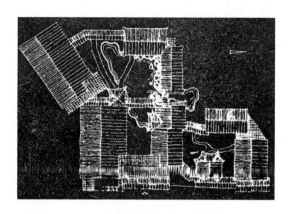

图 3 - 8　浣溪酒家局部庭院

　　自由式布置的庭院，也有单院落与多院落之分。其共同的特点是构图手法比较自如、灵活，显得轻巧而富于空间变化。每个小院都有各自的使用要求而形成各自的特色。自由式单院落空间庭院，因地制宜，在一块不规则的地段内，灵活安排建筑空间和庭院空间，建得曲折有致。中国的古典园林多为自由式庭院（如图 3 - 9 所示）。

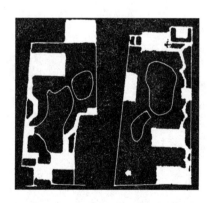

图 3 - 9　苏州半园、鹤园总平面图

3.2　传统庭院的功能

传统庭院是生活与形式的统一，随着生活的变化，形式也会相应地发生改变。传统庭院的功能可分以下几类。

3.2.1　防御功能

传统庭院的防御功能体现在其内向的布局形式中，庭院四周内部表现出如室内般的空间性质，而外部用墙体完全包围。这是由于历史上战乱频频，匪患不断，在动荡不安的局势下，在房屋的设计中防卫功能被一直强调着。通过外围墙体的围合，实现庭院的内向布局，从而达到对外防御的要求。

3.2.2　防风沙功能

防风沙是北方传统庭院受气候影响而产生的功能。北方地区风沙较大，最严重的是沙尘暴，刮起来的时候风沙蔽日，白天犹如黄昏。稍为空旷之处就难以立足。民居型庭院的适应性特点，使得传统庭院因此封闭性更强。人们往往在院内外种植高大的乔木，从高处看，一个个院落隐藏于郁郁葱葱的绿树之下。当风沙吹起时，这些庭院中的树木也帮助减少了风沙的危害。另外庭院中建筑的背面一致对外，成合抱状，这也防止了风沙的直接侵扰。

3.2.3 防火功能

古典建筑大多是木结构的，很容易发生火灾。四合院左右与临宅的分界处要建围墙。围墙内留出一条窄道，用于夜间打更护院人行走，称为更道。围墙和更道也有隔开火源的防火作用。它们与传统庭院组成一个完整的隔离火源的保护体系。传统庭院的空间，又能够使建筑中的人迅速地逃离火灾，进入安全地带。

3.2.4 通风功能

传统的庭院有利于"穿堂风"的形成。就单院的四合院住宅来说，由于传统住宅的大门一般开在迎向夏季东南季风的东南方向，夏季凉爽的东南季风从大门吹入，通过影壁降低风速后送入庭院，继而进入四合院建筑当中。庭院成为传统内向、封闭式的建筑布局中唯一的通风系统。

3.2.5 采光功能

传统庭院防御性的特点，不允许任意在外墙开窗，所以采光的重任只能由庭院承担。庭院的围合建筑的坡屋顶，形成一个倒四棱锥体的采光井，利于庭院采光。

3.2.6 排水功能

传统庭院是封闭式的，而建筑又是坡屋顶，下雨时的排水问题就通过庭院来解决。首先是将建筑抬高，建于台基之上，与庭院形成高差，防止雨水倒灌入室内，因此庭院与建筑物内会存在一个高差，庭院地面同时存在一定坡度，将水流集中，通过排水管道流出室外。庭院排水一般都是遵循西北高，东南低，水流通过庭院东南角的排水口排出住宅。

3.2.7　生活功能

生活功能是民居型庭院的主要功能。居住型庭院不仅仅作为正房、厢房、过厅、杂屋等单体建筑之间的交通联系空间，而且是住宅内部的露天空间，它为各栋单体建筑提供了良好的日照、通讯、排水等条件；为住户提供了晾晒、乘凉、休息、儿童嬉戏和诸如洗涤等其他露天家务活动的场所。

3.3　中国传统庭院空间的物质要素与构成形式分析

中国的庭院空间不是一个单纯的室外空间，也是中国传统建筑面貌的集中表现。由传统建筑围合的庭院空间，包含了中国建筑中的大部分建筑要素。建筑常有的结构、亭台楼阁、廊桥阶台、花木水石都是其重要组成部分。

通过对中国传统庭院的研究可以发现，庭院是由一系列要素组成的，而这些传统形式要素的组合与排列，有其内在的规律可循。

3.3.1　中国传统庭院空间的物质要素分析

中国传统庭院物质要素的基本层次是一个点、线系统，"点"——

独立要素和"线"——边界要素，是庭院的主要素。其中边界要素发展得最为完善，也是庭院空间形态主要特征的源泉。

一方面，边界具有明显的空间暗示，体现空间的围合性；另一方面，边界具有强烈的心理暗示和地域的归属感。而独立要素在庭院空间的组织中往往成为视觉焦点。

（1）墙

墙是四个垂直面所围成的封闭空间，是空间限定作用最强的一种。而垂直面上的洞口则是确定这一内向空间开放程度的主要因素。[7]

用墙作为住宅与城市空间相隔的主要手段与中国传统的建筑文化有关，在冷兵器时期，墙体防御是最好的防御方式，如长城、城市中的城墙等。墙作为最明确的边界要素在中国传统建筑文化中扮演了重要的角色。中国传统城市中从城墙—坊墙—院墙形成了重重的墙的组织体系，"墙套墙"或"院套院"成为传统空间的核心（如图 3 – 10a ~ d 所示）。

图 3 – 10　a 平遥古城墙　　　　　　图 3 – 10　b 南京明城墙

图 3 – 10　c 院墙　　　　　　　图 3 – 10　d 坊墙

在庭院中，墙是一种连续的线要素，与门、廊、建筑共同围合庭院空间。

（2）门

在中国传统建筑中，门既是墙的一种特殊形态，也是一种特殊建筑形式，门的结构往往比较复杂，等级较高的门有重檐、柱子、门洞等（如图 3 – 11a ~ b 所示）。

图 3 – 11　a 檐

图 3 – 11b　拙政园　门洞

　　一道道的门与墙共同形成重重院落的空间形态。门虽然可以开启，但却具有封闭性而非敞开性，与墙的特征相若，成为墙的一部分。传统庭院中门的开启由门闩控制，而且只能从这里开，因此庭院外部或外层庭院的人不能自由进入更私密的一层庭院，而最内层庭院的人因可穿越所有庭院而具有最大限度的自由（如图 3 – 12a ~ b 所示）。

图 3 – 12a　门

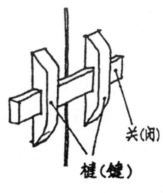

关（闭）

楗（键）

图 3 – 12b　门闩

（3）建筑门窗

因为传统建筑大多时候是构成庭院的元素，所以希望庭院与室内有密切的联系。于是特有的木结构框架体系使围合庭院的建筑立面除了结构的柱就全部是门窗，建筑与庭院的相互开放通透恰恰与建筑的对外封闭形成对比。我们从古代窗字的多种写法中就可以体会到窗的形状、通透性（如图 3 – 13 所示）。

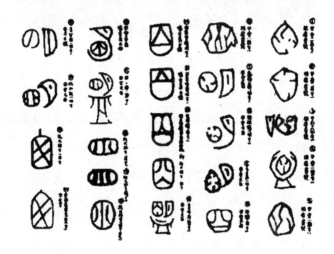

图 3 – 13　"窗"古文字

门窗可全部开启甚至拆卸，从而室内空间与庭院空间进一步融合，充分体现了庭院空间的中介特征。"门窗的开设，重在将自然意趣引入室内，更以窗为审美凭借与框架，眺览窗外的自然美景，通过窗，达到人工美与自然美在审美情感上的往复交流。'一琴几上闲，数竹窗外碧。帘户寂无人，春风自吹入。'这首明人小诗，非常贴切地说出了窗的审美品性。"门与窗在形式上没有明显差别，门实际就是落地窗。由于墙面不承重，所以往往在建筑立面整片地组合成为"幕墙"，较少有功能的限制而更多具有审美意义。园林庭院中的漏窗、洞门与粉墙自由组合，既虚实对比，又极富诗意（如图 3 - 14a ~ h 所示）。

3 - 14a 网师园漏窗

3 - 14b 留园漏窗

3 - 14c 留园漏窗

3 - 14d 沧浪亭漏窗

3 - 14e 拙政园漏窗

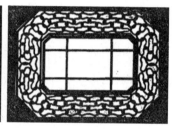
3 - 14f 网师园漏窗

3 - 14g 拙政园窗格

图 3 – 14　h 粉墙

（4）檐廊、柱廊

围合庭院的许多建筑都具有檐廊，檐口与台基、檐廊、门窗格扇形成了围合庭院的三个垂直面，由虚向实逐渐变化。除功能作用外，檐廊这一虚构面的加入进一步丰富了庭院中的空间构成，并且形成了从庭院到檐廊再到室内的空间私密化过程，从而运用两个垂直面达到了划分三个空间层次的目的（如图 3 – 15 所示）。

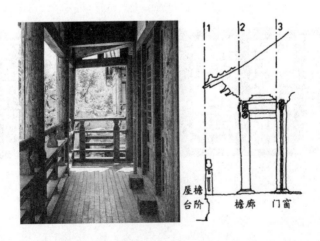

图 3 – 15　传统建筑围合庭院的三个层次

建筑形态学认为，四个垂直面所围成的空间，是空间限定作用最强的一种。而垂直面上的洞口则是确定这一内向空间性质的主要因素。

（5）影壁

影壁是中国庭院构成要素中与其他国家相比独具特色的一种，体现了中国传统文化的含蓄与内在特征。（如图3-16a~b所示）。

图3-16　影壁a　　　　　　图3-16　影壁b

中国传统影壁作用有二：院门外、街对面，作为对景；庭院内，作为障景——使因门的开启所形成空间外向渗透的趋势为影壁所阻挡，因此它是庭院内向特征的必然产物。

（6）水面

"'静'水是中国古代园林文化水趣的基本形式，其主要审美特征，在于以'静'水传达流溢的情感，历代名园中以'含碧''凝玉''镜潭'等命名的水景比比皆是。"（如图3-17所示）

图 3 – 17　拙政园"凝玉"水面

　　"'静'水质朴淡泊，含蓄深沉，令人凝神观照，意境深邃。中国古代园林水趣，其相在'静'，其意在'动'……唯有景物之'静'，才催成意的流动与飞扬。"[8]

　　中国传统建筑中的水要素往往以面的形式、静水的形式存在（池面），而非西方传统中的点的形式、动的形式（喷泉）。作为边界要素的一种重要形式，通过"映、融、引"与其他要素相互穿插交织，一方面产生扑朔迷离的倒影空间，另一方面满足传统文化中"乐山乐水"的审美追求（如图 3 – 18 所示）。

图 3－18 水景"映""融"

（7）铺地

庭院铺地的特色为具有象征含义的祈福、迎祥、信仰与文人精神的图案。多用以砖瓦、碎石、乱石、鹅卵石、碎瓷片、碎缸片等材质拼接而成（如图 3－19a～b 所示）。

图 3－19a 拙政园 动物铺地图案

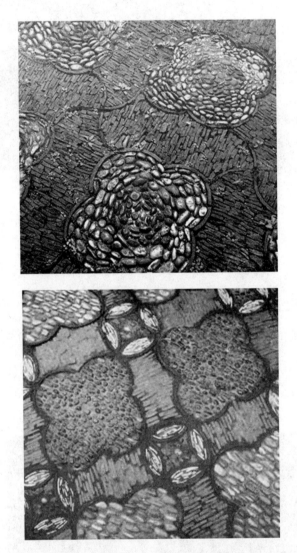

图 3 – 19b   拙政园   花卉铺地图案

（8）独立要素

中国传统庭院中的独立要素并非随意布置，因为它们大多具有一定的作用，应用于庭院空间，包括建筑、过桥、植物、水体、山石等都有其文化内涵。因此独立要素（建筑小品）往往根据庭院主题的需要选择和布局，为意境的主题性起到画龙点睛的作用（如图 3 – 20a ~ c 示）。

图 3 – 20a　庭院过桥　独立要素

图 3 – 20b　植物独立要素　　　　图 3 – 20c　山石独立要素

3.3.2 中国传统庭院空间的构成形式分析

传统庭院空间的主要特征为中介与复合。室内与室外、空间与结构、建筑与环境、开敞与封闭都是以庭院为中心组织和架构。在整体思维的基础上，庭院表达了单体与单体、单体与群体、局部与整体的复合关系。"中国传统建筑的每一单位，基本上是一组或者多组的围绕着一个中心空间（院子）而组织建筑群的，这个原则一直采用了几千年，成了一种主要的总平面构图方式。"[3] 在围合空间的基础上，由这些共同特点的多样性变化构成不同类型的庭院。围合庭院的建筑（房间）并不具有西方建筑房间那种明确的功能性（如起居、厨房等），而是以类似的建筑围成一个庭院。

归纳起来，传统庭院空间的围合形式有以下五种（如图 3 – 21a ~ e 所示）：

（1）以院墙围合建筑或建筑群形成庭院空间

当建筑规模较小时，院墙与建筑构成主要的庭院空间；建筑规模较大时，院墙往往成为建筑群的界面，由建筑群组织庭院空间。

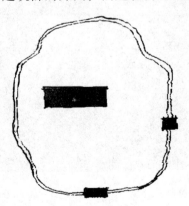

图 3 – 21a　庭院空间的围合形式

（2）以建筑围合空间形成庭院空间

这是我国传统的常用建筑布局形式，往往是正三厢，有时加上倒座房、下房，形成典型的三合院和四合院落。

图 3 – 21b 庭院空间的围合形式

（3）以建筑与墙垣、廊庑，共同围合空间形成庭院空间

在我国传统园林建筑与民居中，多采用这种灵活多变的形式。

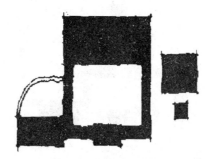

图 3 – 21c 庭院空间的围合形式

（4）以建筑围合建筑形成庭院空间

这种围合往往是为了突出中心的主要建筑。庭院空间常常因此而成为很好的过渡空间，在不少寺庙、宫殿布局中常常采用。

图3-21d　庭院空间的围合形式

（5）以庭院围合庭院的形式

即院中套院、院中有院，形成"庭院深深深几许"的幽深的空间意境，多用于园林式住宅的庭院。

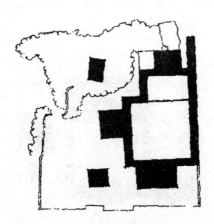

图3-21e　庭院空间的围合形式

3.3.3 传统庭院空间的物质要素组合方法

中国传统庭院的要素组合受功能和观念的双重制约,同时在长期的实践中也积累了丰富多样的组合手法和众多的微妙处理。主要的组合手法可归纳为并置、置换、穿插、重复等。

(1)并置

并置即物质要素之间的组织同步进行,这种手法是中国传统庭院要素组合的一种基本手法。

如建筑与门、墙,作为边界的三种基本要素,它们的组合关系也是并置的(图3-22)。在中国传统庭院中,建筑与门的并置关系尤为突出。"'门堂分立'是中

图3-22 庭院建筑门与墙的并置

国建筑构成的一个主要特色,其目的是产生'内''外'之别,以及由此而形成的一个中庭。"正是由于门与堂(建筑)的并置,使得门在庭院要素中的重要地位获得了突出的体现:从"庭院深深"的一进院门到"宫墙重重"的一座座宫门,有院必有门、一院有一门的形式成为层次转换与序列展开的枢纽。

（2）置换

以同层或不同层的某一要素代替另一要素的组合手法，这种手法对庭院的基本要素形式加以变换，从而使要素的组合更加活跃丰富。

在同层间用墙置换建筑，则随着墙的增加，建筑的减少，庭院的内向性不断增加，直至四面均为墙所置换时，庭则成为一个理论上庭的原型。同层间的置换再如以建筑代门，这在中国传统庭院中也很普遍——门即是一座建筑。

不同层间的要素也可以置换。如影壁与山墙置换，就成为常见的山墙代影壁形式（如图3－23所示）。这种手法不胜枚举，如以窗代墙、以建筑代围墙等。

图3－23 影壁与山墙的置换

（3）穿插

穿插即一种要素延伸至另一要素之中，组成复合形式。这种手法往往创造出新的要素类型。如墙与屋顶的穿插，不同屋顶的穿插形成新的屋顶形式（图3－24）。再如植物与墙的穿插（图3－25）、水面与建筑的穿插、门与影壁的穿插等都形成新的复合要素类型，大大丰富了要素组合的表现力。

图3－24　墙与屋顶的穿插

图3－25　墙与植物穿插

（4）重复

重复即让同一要素或同一层次要素反复排列，这也是形成中国传统庭院整体性、统一性的重要手法。建筑形式的重复、围墙的重复、屋顶的重复、柱的重复、窗的重复直至斗拱等建筑构件的重复，构成了统一的节奏感（图 3 - 26a ~ b）。

图 3 - 26a　窗的重复　　　　　图 3 - 26b　檐的重复

中国传统庭院是以有限的要素为题材，书写出丰富多彩的篇章。在中国传统庭院中，也许在某一层次、某一要素采取并置的手法，而在另一层次、另一要素采取穿插或置换的手法，以此产生多样的变化。根据不同的条件对这几种手法进行选择、变换，就可得到千变万化的要素组合。

3.4　传统庭院空间的意境要素分析

中国所有艺术都追求意境："诗歌求言外之意，音乐求弦外之音，绘画求象外之趣，其美学观是相通的，都要求虚中见实。"[10]艺术家追求创造具有"言有尽而意无穷"意境的作品。

3.4.1 传统庭院空间的意象

意象是外物与联想、想象的统一，是融入了主观情意的客观物象。在庭院空间中，各层次的形式构成要素（如建筑、构件、花木乃至清风明月）都可被感知而形成"象"。庭院中生活的人，作为审美主体，其情趣决定着审美意象中的"意"，即通过感知外物而联想到与之相关的其他方面。由此可见，庭院审美构成——建筑意象，是形象与情趣的契合，是景与情的统一。

中国传统庭院之美，无论是身临其境，还是通过文章、诗歌、绘画的描述，都给人一种优美和谐的建筑意象。总的来说，以上传统庭院意象的客体特征主要来源于文学与绘画，意象要素多可在诗、文、画中寻到踪迹。

庭院作为居住空间或城市活动空间，代表了一种生活方式。在庭院空间意象中"意"的方面，则是由审美主体的情趣、生活方式决定的。庭院作为建筑与自然的中介，也就成为进行这些艺术活动的最佳场所。而庭院也因为这类活动的加入而具有了抒情性的审美意象。

可以说中国传统庭院审美构成就是庭院建筑意象的构成。庭院意象大体有以下特征：

（1）主题性

中国的庭院大多数是主题园，因此意象组合也就必然有主题性。意象的主题性往往通过两种方式来获得：一是文本化的意象，二是象征性的意象。

"中国是一个善于用文字、文学来表达意境的国家，建筑物中的'匾额'和'对联'常常就是表达建筑内容的手段，引导建筑的欣赏者进入一个'诗情'的世界。"中国传统庭院构成要素常常融入文学、语言、书法等要素而形成综合的文本化的空间意象。在墙、建筑、门这一层面上，有各种点景题名的匾额，门窗、柱上也有对联，墙壁挂有诗文书法，甚至山石小品上也有题刻。文学书法广泛深入到庭院构成要素的每一层面，极大地丰富了意象要素。"这些文本化的景象其最重要的作用并不是人们一向认为的装饰性，而在于通过匾额、对联，建筑和文学乃至整个文化传统被直接地联系起来了"。

文本化从形式的表层点明庭院的主题，而象征性则从民族文化的深意暗示庭院的主题。

中国传统象征体系从抽象到具体，丰富而庞杂，从平面布局到建筑构件、花草树石再到方位色彩，均纳入了象征体系。古代的士人受"天人合一"的影响，为了体现人与天地宇宙完美亲和，将山石、花草等都象征性地赋予人的品德（如图3-27a~b）。"菊之傲霜、梅之凌雪、竹之虚心劲节、荷之出淤泥而不染、兰之处幽谷而香清以及石之坚贞、水之清而可濯等"。[11]

图 3-27a　留园　冠云峰　　　　　图 3-27b　狮子林九狮峰

（2）时空创造

庄子说："井蛙不可以语于海者，拘于虚也；夏虫不可以语于冰者，笃于时也。"表达了中国人对时空的认知。时间因素加入庭院空间使其意象的表达方式更加变化无穷，历时性与共时性的时光在有限的庭院空间中创造神奇。

历时性表达为历史—空间通过历史的磋磨与洗礼，自然而然地使人产生一种对时光之美的感悟。一把琴、一幅画、一株古柏、几片残瓦，意象由历史引申出美的境界。

共时性则表达为特定时刻的变幻之美。春之花艳，夏之荷素，秋之枫叶流丹，冬之寒松积雪，再加上每日之朝暮，庭院意象以时间为载体，像阳光透过棱镜般变幻出溢彩纷呈的色彩，"朝露晚霜，晴午夜雨，艳阳冷月，归燕鸟鸣，春华秋实，雪梅蕙兰"，因此说"空间是再造的，时间是因借的"。

（3）心态自然——感觉自然

庭院中的自然并不是真正的自然，也不是所追求的绝对自然，而是典型提炼的自然，主观的再造。

在庭院中，对自然的再造局限性较大，所以庭院中的自然更为抽象，可称为"心态自然"，是从视觉、听觉、嗅觉乃至味觉感受到的自然。在若干世纪的传统之中，文学、艺术所描述的自然环境逐渐代替了真实的自然环境。在有限的庭院空间中，人可借助自我的感觉体味到鸟语花香、浮云落日、雨打芭蕉等自然景象，并在心理时空中得以升华，达到"庄周梦蝶，物我两忘"的境界。[12]

3.4.2　传统庭院空间的意境创造

庭院总是有界限的，不外乎是建筑与围墙围合的一小块空间，院落进数再多也有终结，但这有限空间所包含的"对宇宙、历史、人生"的思考则是无穷的，也就是说以有限的空间体验无限的时空。

传统庭院意境其实可以表述为以有尽而寓无穷和生活美的精神化两方面。

意境是意与境的统一体，是"主观情意与客观物境互相交融而形成的艺术境界"，其基本特点是主客观交融。因此对庭院意境的研究不仅仅是"闲庭明月""微雨庭轩""花院落莎"等庭院意象，而必然要涉及审美主体的思想情感。

（1）审美客体意境创造

首先意境是意象要素的综合。庭院意象构成的丰富性、多义性带来了意境的综合性，庭院意象中意与象的共同作用产生了丰富的意境。

如各种时空意象——天象（澹阴、薄寒、细雨、轻烟、淡月、夕晖、微雪）、山水（清流、溪涧、瘦石）、花木（修竹、绿苔、弱柳、瘦菊、幽兰、残荷、曲梅）等景致的综合赋予了庭院不同的意义，日出有清荫，月照有清影，风来有清声，雨来有清韵，花开有清香，露凝有清光，雪停有情趣，体现了各自"独与天地精神往来"的意境。

又如四季物候意象与琴棋书画文化活动的不同叠合也产生不同意境。"素琴挥雅操，清声随风起""帘阁萧闲看弈时，初桐清露又前期""吾家洗砚池头树，个个开花淡墨痕"。

再如色彩，与民俗活动的叠合也会形成不同情调的意境。节日的张灯结彩，花红柳绿追求的是一种现世的意境美。

另外意境还是各意象要素的抽象与升华。传统庭院意境的形成不是仅靠意象的罗列，而是有选择地把那些最能引起思想情感活动的因素摄取进来。一切意象的选择，都要围绕庭院的主题进行剪裁。园林中的局部小院常采用纤雅的"画意"主题——建筑正对为粉墙，墙前以石、植物、漏窗、题刻体现庭院主题的画意。如拙政园"海棠春坞"的山石、海棠、慈孝竹。院园型的园中园则依名称将主题意境意象化（如图3-28所示）。如"听雨轩"和"留听阁"均以赏雨景为主，并选用水池，听雨轩一角遍植芭蕉，取雨打芭蕉之声，而留听阁池内遍植莲荷，取"留得残荷听雨声"之意（如图3-29所示）。

图 3 - 28　拙政园　海棠春坞

图 3 - 29　拙政园　留听阁

宫殿庭院意境以主体建筑的气势取胜，如颐和园的佛香阁，背靠万寿山，俯瞰昆明湖，气象万千。庙宇庭院则以宗教中特有的意象表达"世外"的意境。烟香袅袅的香炉，声音悠远的古钟，缥缈的木鱼诵经声，成为特殊的意象主题。

对比亦能突出特定的意象要素而表达特定的意境。这种对比主观意图十分明显："小天井中植一丛竹，竹竿偏要直戳青天的，小池里养一群鱼，鱼身偏要长过一尺的"，长竹与小天井，大鱼与小池塘，引起了尺度幻觉的特殊意境。

（2）审美主体创造——生活美的精神化

传统庭院意境实际上是通过追求美的生活而达到的。

家居生活可包括典礼仪式、社交宴饮、祭祖拜佛、诗文集社、读书作画、下棋养鸟、浇花种菜、赏花邀月、艺术鉴藏等不同性质的活动。审美主体将生活艺术化，一方面将各种文化艺术活动引入生活（对弈、品茗、赋诗、饮酒），另一方面在平凡的生活中获得艺术的感悟（自然的声音如丝如乐，日常的生活劳动如诗如画），从而将生活中的美提高到精神感受的高度。于是，庭院不再仅仅是建筑围合的空间，不再仅仅是四时物候的意象，而成了人与自然、精神与宇宙交会的场所（图 3 – 30）。

图3-30　庭院文化艺术

　　我国的传统建筑中，庭院空间丰富多形，称得上有屋必有院，形成独特的庭院空间。现代建筑庭院空间的作用也越来越重要，从而应采用有效的设计方法达到庭院空间的作用。

3.4.3　其他

（1）材料、质感

　　中国的木结构与西方的石结构是两种风格的材料体系，也可称为"木头"与"石头"的史书。木材具有轻巧、通透、线条感强的特点，与庭院对内开敞、空间中介模糊的特点不谋而合（如图3-31a～b所示）。

图 3 - 31a　太平天国忠王府木门

图 3 - 31b　苏州园林　木质构件

　　木材的质感特征带有泥土文化的质朴气息，出于传统审美，中国与日本的木结构一直偏好材质和质感的真实表现，注重质感的深层次意蕴。

　　（2）色与光

　　中国传统庭院的色彩运用归为一点就是注重色彩的对比与协调。无论是皇家建筑富丽堂皇的原色对比，还是江南园林清秀淡雅的灰白对比，都是通过色相上的大胆运用，产生对比而又和谐的艺术效果。庭院中原色的运用体现了儒家的等级观念，质朴的本色则表达了道家"意出尘外"的超俗境界。翠竹朱廊衬以蓝天白云，或是黄瓦红墙掩映于碧水清风中，均以鲜艳的原色突出要素。

中国建筑的这些色彩并不是对外表现的，街道上只见到单色的墙（无论是皇家的红墙还是江南的粉墙），只有对内的庭院中才可见到朱户、白栏、黄瓦或是青藤、黛瓦、栗木的丰富色彩。因此说，色彩构成是中国传统庭院的一个重要组成部分，它与材、质共同组成具有表现力的要素形式、空间形式。传统庭院在皇家红黄白色彩系列和江南黑白灰色彩系列的搭配运用中积累了丰富的经验，如大面积纯色的运用、重点色彩的点缀等，很值得我们研究借鉴（如图3-32a~b所示）。

图3-32a　皇家庭院红墙黄瓦　　图3-32b　私家庭院白墙灰瓦

（3）结构

中国传统的木结构体系在延续千年的承传中发展成为精湛的艺术，

古代木结构产生出一套独特的构件体系，如榫卯、斗拱等。虽然木材在当代已经不是建筑的主材，但其中的结构体系、特色和原则依旧可以给我们以启发。

传统的结构体系与庭院空间构成特征有密切联系。

框架结构：木结构框架体系建筑与围墙的结合致使庭院空间对外封闭，对内开敞　对外为墙壁，对内为框架。

模数制：结构模数是庭院乃至院落群体统一和谐的源泉，院落的进深与开间以模数来形成制度。

结构性装饰：结构性的装饰包括斗拱、梁头、雀替、柱子等，是庭院空间的装饰重点，采用彩绘和雕刻（如图 3 – 33a ~ b 所示）。

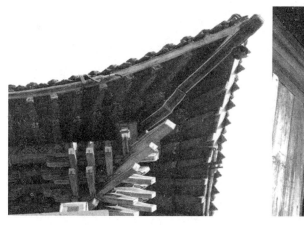

图 3 – 33a　斗拱　　　　　　　　　图 3 – 33b　雀替

少而精的装饰是形式中的诗词，正如诗词的优点在于能用最短的诗句去拨动读者最深的心弦，装饰也应具有一这优点。如今面临的是如何设计适应当代结构的无装饰性装饰。

3.5 本章小结

我国的传统建筑中，庭院空间形式多样，建筑与庭院交错组合，形成独特的庭院空间。现代建筑庭院空间的作用也越来越重要，而研究现代庭院的构成要素与设计方法来完成合理的符合现代人生活方式的庭院空间则是我们目前需要面对的课题。

四 现代庭院空间的产生与构成

4.1 现代庭院空间产生

4.1.1 现代城市庭院住宅产生的背景

尽管传统民居中庭院是小家庭延伸的大家庭，是茶余饭后的好去处，是个充满生机的场所。但是，毕竟庭院住宅是和传统农业社会的生活方式相适应的。随着社会的发展，传统的庭院住宅已远远不能满足社会需要，更不能保证居住生活质量的提高。这主要体现在以下 4 个方面：

（1）人口的变化

由于流动人口的增加，大城市人口密度加强。因此容积率成为住宅设计的重要技术指标，由此带来大量住宅小区和中高层住宅的兴起。传统低密度的庭院住宅，由于层数低，占地面积大，已经不合时宜了。

（2）家庭结构的变化

传统庭院住宅是和传统中国式大家庭相适应的。在传统住宅里，一个大家庭中的各个小家庭围合成庭院，庭院成为整个大家族的交往空间，庭院空间可以满足传统大家庭的交往需要。

但是，在当今社会中，四代同堂的大家庭已经越来越少，取而代之的是三人核心家庭，而且在各大城市中，丁克一族或者单身家庭所占比例也越来越高。从新中国成立初期到 20 世纪末，家庭规模变得越来越小，这种情况在大城市中表现得更为明显；同时，由 2010 年人口普查资料可以看到，核心家庭在人口构成中已经占了绝大多数。新的家庭形态需要新型的住宅，家庭之间也需要新型的交往空间。

（3）生活方式的变化

庭院住宅对内开放，对外封闭，其强烈的向心感在加强家庭成员凝聚力的同时，也使家在某种意义上成了战场。而在当今社会，竞争越来越激烈，家成为最后的避风港，现代人需要的家是一个能给人以慰藉的地方。同时，网络已经成为人们生活中日益重要的部分，虚拟生活和现实生活正在相互交融，新的生活方式不断涌现，因此，当今的城市住宅应考虑人们的这两种需要。

（4）交往模式的变化

当代中国的城市居民位于人际交往的中心地域，在一定时间内接触很多的人、事和物，由于交往频率的上升，必然带来大量的信息。由于大众传媒的发展，社会交往的空间距离在缩短，增强了人们进行社会比较的能力。相比较于原来的行列式住宅，人们更为关注舒适与健康的交流环境。

所有这一系列的社会因素，都要求当前必须提出一种新型的、符合现代要求的"庭院式居住单元"模式，力求赋予古老的"庭院住宅"以新的生命力，扬长避短，以使其能新陈代谢、有机更新，能保证居住生活质量的提高。

4.1.2 现代建筑空间理论对庭院空间的影响

随着技术的发展和社会的变革，人们的空间观念发生了变化，渴望从原有的那种单一封闭的内聚性室内空间中解脱出来，并从各个角度进行了探索。但无论是工艺美术运动，还是后来流行于欧洲的新艺术运动，或是德国的青年风格派都仅仅从装饰上对古典建筑提出了批判，而没有涉及到建筑的本质——空间问题。将建筑从内外分别的空间中解放出来，形成流动连续的空间观念，表现开放的世界，应首推立体派。"以毕加索和布勒克维为代表的立体派画家将物象分析重组，转化为几何形体的组合，并通过多点透视，将不同视点获得的形象同时表现在一幅画上，显出同时性、重复性与透明性的效果，将建筑由二度空间取向推向四次元的空间结构。"（王何亿：《现代建筑院落中的中国传统院落空间特质研究》，浙江大学2014年硕士学位论文。）

同时在建筑界中，对建筑物的关注也从原有的对实体的关注转向对空间的关注。人们从各个方面以各个手段展开了对建筑空间的研究，同时从设计角度出发，新的空间概念被提了出来。例如密斯的流动空间、柯林·罗的透明性理论、范艾克的中介空间以及黑川纪章的灰空间等一系列空间概念都对现代院落的空间设计产生了影响。

密斯的流动空间打破了古典建筑空间单一封闭的规则和静态体验模

式，模糊了空间的归属性，并将人们活动纳入空间设计之中，使人在运动中完成对空间的体验，将二维的空间结构加入时间概念转化为四元次的空间结构。在其设计的巴塞罗那德国馆中，这种思想得到了淋漓尽致的表现。人们在运动中感受空间的延续性。其中的庭院空间也被纳入整体空间设计之中，成为整体空间中不可或缺的一部分，与建筑空间共同形成一个完整的空间序列。

4.2　现代庭院空间构成特征及要素分析

西方传统建筑中的室外空间，即为其外部空间，它与建筑是界定明确的。而在现代建筑中，室外空间成为建筑的一部分，它不能与建筑整体分离，这种室外空间与建筑交融为一体。其最典型的例证就是庭院空间，这一点在密斯早期的庭院系列住宅中最为明显。在柯布西耶的建筑五项原则中，也有"屋顶花园"之说，实际上，那是一个庭院，并在空间上与四面的建筑或墙融为一体。

在现代建筑中，由于在技术上得到支持，墙被分离出来，作为限定空间的一种元素。在密斯的德国馆中，建筑采用钢结构，墙壁与水平楼板几乎完全分离，从而产生了可以不受结构的约束的灵活隔断以及由此形成的灵活性较大的平面布局。这样，通过建筑本身的结构进而影响到室外庭院的结构和布局。

4.2.1　现代建筑空间构成特征分析

（1）空间渗透性

现代建筑追求纯几何抽象的逻辑秩序，使之突破了古典西方建筑内外单一、界定明确的状态，产生了空间的流动、室内外空间的渗透（图4-1）。在庭院空间中也是根据建筑本身的结构来进行的。

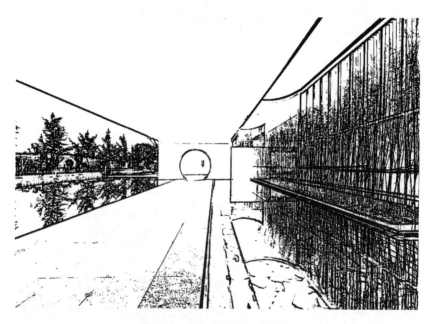

图4-1　现代庭院的空间渗透

（2）建筑结构体系的重组

当技术和材料科学的进步使得现代的结构体系产生之后，建筑中的各种构件，如墙、柱、顶等不再被传统的结构所束缚，就如同一座传统建筑的各个部分向不同方向漂移、分离，墙与柱彻底地决裂，成为各自独立的体系，空间也在这种不均衡和自由的拉伸过程中产生了运动和联系。传统的中心性和轴线渐渐消失，原本为实墙所封闭的空间豁然开敞，外部的景观瞬间被纳入了房屋内部，墙成为孤立的构筑物，不再与顶结合。因而原本的房间成了有墙无顶的"庭院"。它的另外一侧是房间，并由于大面积的玻璃与之相隔，院中或以水、或以简单的绿化加以点缀。墙、顶和地面用材质本身的质量来塑造，恢复了它们最原始的魅力。各种材料和元素清楚地表达着自己，没有一丝做作，并建立了各构件、各材料之间恰如其分的关系。当这一切达成时，现代建筑就诞生了（图4-2）。

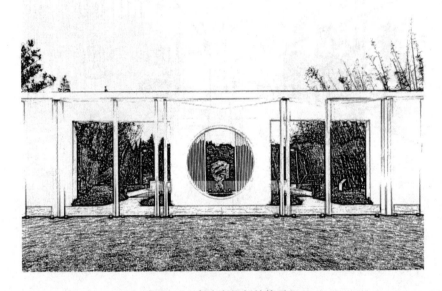

图4-2　庭院空间新结构重组

（3）人们对空间的意识形态变化

现代建筑作为一种革命的建筑现象，它与古代建筑的根本区别在于建筑的存在态度，或者说是人们关注建筑的核心，亦或在于建筑的存在方式。由于这种态度的改变，使得现代建筑产生了与古典建筑截然不同的全新面貌。这种变化同所有的现代文化现象一样，是思维观念的变化，是人们对世界认识的变化，是人们对自身存在状态的变化。

4.2.2　现代庭院空间构成要素分析

（1）墙与庭院空间

现代建筑中，改变传统西方建筑的墙与结构一体的构筑方式，采用钢结构、混凝土等现代建材，墙已经不是承重的构件，使得墙壁与水平楼板几乎可以完全分离，从而产生了可以不受结构约束的灵活隔断以及由此形成的灵活性较大的平面布局。通过没有墙面的玻璃、屋檐等构件，将庭院的景色引入室内，室内外的界限变得模糊，建筑内部与庭院的关系更加密切，庭院的空间开始向室内延伸（图4-3）。

图4-3　通透的庭院墙体

（2）房屋与庭院空间

建筑在外观上呈实体形态，但其内部包含着可使用的建筑空间，因此可将对建筑与庭院的关系研究转化为对建筑与庭院的空间连接关系的研究，连接程度主要取决于分隔两部分空间的界面处理，界面的通透性与开敞性决定了建筑与庭院在视线上和行为上的空间连接程度。现代建筑的本身结构与材料的变化，将室内变得更加通透，拉近建筑与庭院的关系（图4-4）；另一方面，建筑在空间中的布局更加自由，不像传统建筑需要遵循伦理和等级的约束，使得庭院空间变化更加多样。

图4-4 现代庭院的材料与结构

（3）门与庭院空间

中国传统庭院的门往往是间隔两个室外空间的媒介，也是不同内涵的庭院空间的界线。现代庭院中，门的形式与之类似，很多门仅仅是用抽象的形式来象征性地构造，包括庭院的入口都是敞开的，这样更具有开放性和外向性，而有别于中国传统庭院的封闭性和防御性，更加适合人们社交和沟通的需要（图4-5）。

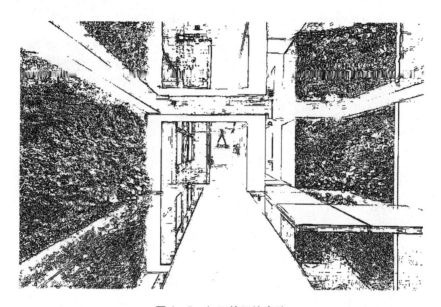

图4-5　入口敞开的庭院

（4）意境与庭院空间

意境一直是中国传统庭院的特征，现代庭院空间也开始使用意境的创造手法。特别是在室外空间及其有限的建筑中，通过这种手法，延伸视野，接近自然。如贝聿铭的苏州博物馆，通过庭院中石头堆砌的山的形象，营造出一片中国的水墨山水画（图4-6）。

图4-6 庭院空间意境的营造

4.3 本章小结

通过上面的分析，我们可以发现，现代庭院的建筑空间相较以往的传统庭院空间，已经发生了根本变化，同时也是现代社会、现代文化、现代交际及观念的变化。根据这些变化，我们可以在现代庭院空间设计中，把握其中主要的元素，迎合时代发展的需求。

五　现代庭院空间的设计方法

5.1　中国传统庭院空间与现代庭院空间的关系

现代主义的空间构成模式源于一种抽象的逻辑思维和对纯理性的数学关系的抽象，而这种抽象在很大程度上受到了现代艺术的影响。

从空间构成及对空间状态的感知的角度而言，现代建筑彻底颠覆了古典建筑内与外绝对对立、明确区分的空间状态。而传统的中国庭院与园林空间从动态角度出发，建立了与环境共融的建筑面貌。空间与空间之间产生了视觉及行为上的联动，与传统西方建筑的空间理念及表现方式是截然对立的。西方现代建筑空间与中国传统庭院空间在其内在文化制约因素的作用下，产生了某些空间构成上的相似意向。

以下试图从空间构成的角度做两点分析。

5.1.1　庭院空间的构成与组合方式的关联性

中国传统建筑大多以组群的姿态出现，极少以单体的姿态出现，建筑以"间"为单位（一个结构单元）进行拓展。当然，这种拓展大多在平面上进行，进而组成单幢的房屋，由房屋围合成院落，再由院落向组群及城市发展。

现代建筑的结构基础是以柱和梁组成的一个框架为基本单元的结构复合体，这是现代建筑产生的最基本的结构原型。尽管现代建筑中有着丰富的结构形式，如墙体结构的运用，但不可否认钢筋混凝土框架结构是现代建筑的标志性成就。由一个单元结构不断叠加而形成整体结构，是现代建筑的基本组织原则。

由于这种组织原则与中国传统建筑的组织原则的一致性，使得现代建筑中所表现出来的空间构成特征与中国传统庭院及园林空间的构成特征表现出某些共性。首先，由于采用了框架结构，使得原来作为空间界面的墙体得以瓦解，空间与空间之间没有了屏障。其次，由于框架的组合是自由的，也使得建筑的外部形态是分散和灵活的。中国传统庭院空间从建筑组织的技术层面而言，它是绝对自由的。这种自由与西方古典建筑那种单一的空间实体是不同的。再者，由于框架结构的自由性，使得室内外空间的穿插得以实现。中国传统庭院及园林中，室内外空间交替出现，互为图底、互相转变，使建筑的内部空间与外部空间和环境产生了沟通。而现代主义建筑的一大特色就是室内外空间的连通，将外部空间和环境吸纳入房间内部。

由上面的分析可知，由于现代建筑与中国传统建筑在结构组合方式上的共性，使得两者在空间构成的特征上产生了一系列的相似特征。

5.1.2　庭院空间的类型与空间意象的关联性

由于传统中国庭院空间的构成模式，在中国传统庭院空间中产生了两种不同的空间原型：其一就是我们常说的"四合院"，即中心庭院。其二是墙与建筑或是建筑与建筑之间形成的边角空间。边角空间在中国传统庭院中是一个独特的空间，在西方古典庭院中是没有的。

现代主义建筑最大的变革在于其彻底改变了西方古典建筑与环境的完整与明晰的对峙关系，在现代建筑中，环境与建筑成为水乳交融的一体。柯布西耶 1926 年在他的《走向新建筑》书中第一次提出了"屋顶花园"的说法，并且其被围墙与室内空间围成一体、相互渗透。

现代建筑常常采用大片的玻璃幕墙、敞廊、玻璃转角把室内的墙和地面延伸到外部环境中，把外部的植物、山石、水池引到室内等做法，以获得人与自然环境的完美结合。我们应当力求把自然界、房屋和人联合在一起以创造更高度的统一性。"当你通过范斯沃斯住宅的玻璃幕墙观看自然景色的时候，会比在室外观看的自然界含有更深刻的意义。"《密斯的范斯沃斯住宅与 MVRDV 的 Hasselt 住宅方案》见"ABBS 论坛"中的"纯粹建筑记坛"，2004 年 8 月 19 日。（如图 5-1 所示）

图 5-1　范斯沃斯住宅

建筑由与环境的明确对峙而转向与环境相互交融。这种颠覆的结果，使得现代主义建筑的某些存在理念、空间营造方式及其对建筑与环境关系的追求与中国传统的庭院空间产生了共鸣。中国的传统建筑空间特别注重室内外空间的渗透和交融，注重空间虚实的结合，注重光线、绿化等自然环境对人的心理因素的作用。把建筑物和自然环境更紧密地结合起来，形成符合人们生活规律的空间意境。中国传统庭院、园林在处理建筑与环境的关系时将自然要素（环境要素）穿插入建筑的组织当中，因而形成了房屋和庭院，即建筑和环境相互穿插的状态。宅与园、屋与院、室与景从来都是不可分割的整体。中国传统组织建筑房屋的规则与西方人是完全不同的。西方人将自然景观作为观赏的景物和生活的陪衬，而中国人却是与自然共生，自然物是与人平等的"家庭成员"，他们之间是一种平等的关系，而非主仆的关系。

5.2 现代建筑中庭院空间的设计方式

5.2.1 "融合"的设计方式

即庭院空间的组织随着建筑空间的空间序列的展开而同步展开。这种设计构思多把庭院空间和建筑空间融合为整体，使建筑空间更易融于环境，融于自然，在一些旅馆建筑和学校、幼儿园、陈列馆之类的建筑中常被采用。

图 5 - 2　苏州博物馆新馆

贝聿铭的苏州博物馆新馆设计构思，吸取了中国传统建筑空间和园林艺术的特色，把庭院空间和建筑布局揉为一体。这个建筑在整体上以庭院为中心，创造了既有民族风格又有时代感，具有各种形态、各种意境的庭院空间（如图 5 - 2 所示）。

北京香山饭店的设计也采用了这种设计构思，它吸取了中国传统建筑空间和园林艺术的特色，把庭院空间和建筑布局揉为一体。该建筑在整体上有以流华池为中心的主要庭院，客房部分结合地形，依山就势又围合出了 11 个大小不一的小院，创造了既有民族风格又有时代感，具有各种形态、各种意境的庭院空间（如图 5 - 3 所示）。

图 5 - 3　北京香山饭店

5.2.2　"中心"的设计方式

即把庭院空间作为建筑空间的中心，建筑的组织和展开围绕庭院空间进行，人流组织和空间布局也是以庭院为核心。

在这种设计构思中，庭院空间常常成为建筑空间构成的核心，同时也是人流分配的枢纽空间。这种空间具有向心力、安静、休闲的空间效果，使人们置身其中而又感到另有天地，别有洞天。

我国著名的岭南派建筑大师莫伯治主持设计的广州白云山庄，采用这种设计构思将建筑群体随溪谷而布置，依地势起伏而修建（如图 5 - 4 所示）。

图 5-4 广州白云山庄

日裔美国建筑师山崎实（Minuoru Yamasaki）设计的西雅图世界博览会联邦科学馆吸收东方园林艺术，别具一格。作者采用了将展厅环线院落布置的方式（如图 5-5 所示）。院子核心空间大部分是水面，水面之上布置了曲折的游廊。前来参观的人首先经由水池中的亭、廊、桥，然后转过展厅依次参观，最后再经水池离去。

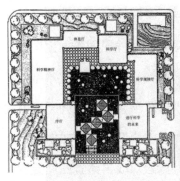

图 5 - 5　西雅图世博会联邦馆

5.2.3　"抽空"的设计方式

由于现代建筑空间和结构的工业化和商业化、建筑设计及建造的单调和重复无法满足现代社会人们工作和生活的需要，以及对采光通风等技术要求越来越高，建筑构造中因而采用抽空建筑中的局部空间，以形成庭院空间。

如美国耶鲁大学珍本图书馆，为了取得庭院空间以调节建筑环境和创造安静的室外环境，采用"抽空"的设计构思，从而形成了独特的耐人寻味的"共享庭院"（如图 5 - 6 所示）。

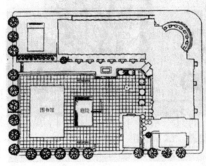

图 5 - 6　美国耶鲁大学珍本图书馆平面与庭院

来自越南的 Long An 住宅也是这种抽空设计构思的典型（图 5 - 7 所示）。

图 5 - 7　越南　抽空式住宅平面与庭院

5.2.4　"围合"的设计方式

由院墙、建筑围合而成庭院空间，是构成庭院空间的最基本特点。这种庭院空间并不作为枢纽空间，也不作为主要人流的分配空间，而常常作为观赏、休闲的空间，使之对室内空间起到补充和调剂的作用。围合的设计构思可以是开敞的，也可以是封闭的；可以是规则的，也可以是自然的。常用的围合设计构思有以下几种：

（1）封闭的围合

封闭的围合是指庭院空间四周均为建筑物、院墙或其他建筑实体围合而成，具有较强的私密性和安静感。这种庭院空间主要作为静态观赏之用（如图 5 - 8a～b 所示）。

图 5 - 8a　意大利某住宅公寓庭院　　　图 5 - 8b　白云宾馆内庭

（2）通透的围合

通透围合而成的庭院空间，开敞、活泼，具有流动感。如一般建筑中常用的三合院形式，或在围合的一侧或两侧，采用支柱层、空廊、玻璃、门洞、空花墙、矮墙，或用绿化、山石等手法围成的四合院，围而不隔。庭院空间中的观赏者的视觉有延伸和超越的可能，扩大视觉空间、增加景物观赏的角度和范围，既可使观赏者能看到近景，又可使观赏者看到远景。如大理古城既下山酒店的客房、咖啡厅围绕庭院布置，咖啡厅东西两侧的立面都是玻璃窗扇，可以完全打开。透过咖啡厅的室内，还可以瞥见庭院清香木的树冠。（如图5-9所示）。

图5-9 大理古城既下山酒店平面图、酒店庭院

（3）松散的围合

松散的围合似围非围、似闭非闭。庭院空间四周的建筑物和其他建筑实体呈松散状态和不规则状态。如1958年布鲁塞尔世界博览会联邦德国馆的建筑布局，它由几个类似的展馆，根据展线和人流的组织，采用不规则的松散手法围合成一个与建筑风格相协调、与地段环境相配合的庭院空间，气氛轻松。（如图5-10a～b所示）。

图 5 – 10a 布鲁塞尔世界博览会联邦德国馆庭院平面

图 5 – 10b 布鲁塞尔世界博览会联邦德国馆庭院透视

5.3 现代庭院空间的设计要素处理方式

5.3.1 要素的形式与其属性的组合

要素的形态与其属性间具有丰富的组合可能，这是创新的源泉。一反传统的木材、木结构，采用新材料、新结构，如不锈钢、玻璃、亚克力、玻璃钢等已成为历史的必然，多种色彩、质感的加入，必将给传统庭院注入新的活力。（如表1）

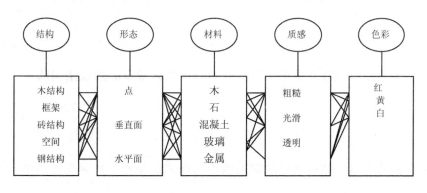

表1 要素形式与其属性的组合

　　然而，这些材料不能简单地排列和堆砌，因为传统庭院乃至传统建筑中制约要素组合的首要原则是整体性。所以不能将各要素割裂开来。中国传统庭院在驾驭各要素间的关系而获得内外空间的统一方面达到了精湛的水平，一切构成要素都围绕一个和谐的主题。同样，在庭院要素的创新中，控体性依然是制约设计的首要原则。要素组合不像数学中的排列组合那样简单，而应在众多可能性中寻找那些和谐统一的组合方式。

　　要素变体具有多种可能性，通过这些可能性可找到传统与创新的平衡点。

5.3.2　要素的变体途径

　　要素变体一是通过形式自身的变化，二是通过形式属性的变化获得。无论形式还是属性，通过重构，达到要素层次传统与时代的共生。重构指分解原来要素系统间旧的构成关系，根据时代要求和主观意念将要素重新组合，形成新秩序。

　　（1）新材料、质感

　　当代建筑界最日新月异的发展之一就是新材料的层出不穷，从物质和精神两方面改变了人的生活面貌。这里仅以实例说明新材料与传统并不矛盾，采用创造性的手法可在要素层次拓展出全新的广阔天地。

　　①墙

　　传统庭院中墙有两种，一是围墙（外墙），二是庭院内立面，主要由通透的门窗、隔扇组成。对于第一种墙，混凝土、石材及金属的引入可表达出不同的情调，如安藤忠雄的素混凝土。对于第二种庭院内立面，大面积的落地玻璃无疑成为非常理想的装饰材料——它保持着室内与庭院的视线联系，而且比木隔扇更为通透（如图5-11a-e所示）。

图5-11a　锈蚀钢板　　图5-11b　石材墙面　　图5-11c　耐候钢

图5-11d　素混凝土墙体　　图5-11e　玻璃墙体营造室内与庭院空间的通透性

②屋顶

传统建筑中的屋顶是最具特色的要素，但其形式与时代的确格格不入。材料的变化也许会给它的形态带来一些新的气息。例如澳大利亚巴拉瑞特画廊的一个附属展览空间。这个展廊最显著的设计特征是将展览空间与凉亭的形式结合在了一起。当把外侧的玻璃门打开时，展览还能变成夏季公共演奏台。屋顶上的天窗从各方引入光线，条状的照明器材巧妙地嵌入条状纹样的木材装饰中。这个附属空间是现有空间的补充，具有多功能性，主要支撑结构就是新兴的钢材（如图5-12所示）。

图5-12　澳大利亚巴拉瑞特画廊的钢结构屋顶

③门窗

传统门窗之美在于其格扇图案的装饰性，有人认为玻璃门窗失去了这种装饰性，其实各种玻璃材料与其他材料的组合，体现了传统装饰意味的潜力大可发掘。如长谷川逸子常常用金属网作为墙面或窗，消除实体感，与传统内立面不谋而合。另外玻璃砖、各种预制构件都曾被用来作为庭院中的门窗，并产生出独特的效果。预制构件制作的庭院窗洞形成了庭院的内界面（如图5-13所示）。

图 5 - 13 新材料表现的庭院门窗

④柱廊

传统四合院中的檐廊是庭院室内外活动的中介，其特色在于柱的形态和檐下的阴影，具有丰富的空间层次。如今柱的材料形态更为多样，表现力也更为丰富。檐廊之美在于光影，新材料的运用使光影更富于变换（如图 5 - 14 所示）。

图 5 - 14 红砖、金属材料的廊柱

⑤独立要素

当代的独立要素不再有传统庭院中的礼制象征意义，而成为庭院空间环境的视觉焦点和文化内核，表现为雕塑为主的建筑小品艺术。其材料可谓包罗万象，无所不至。如茜尔·摩根的中国亭方案会带给我们一些清新的启发（如图5－15所示）。又如理查德·迈耶（Richard Meier）所做的当代庭院中的独立构架。

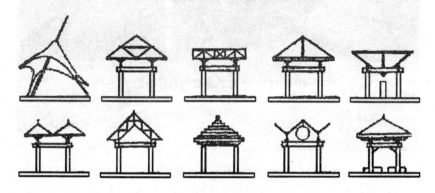

图5－15　茜尔·摩根的中国亭方案示意图

从茜尔·摩根所做的中国亭方案中可以体会到没有约束的丰富的想象力。

⑥地面图案与材料

传统图案应与当代文化相结合而体现民族性和时代性。而传统建筑对美感与质感的追求也应在当代庭院得以体现。地面铺装可用的材料丰富，如草坪、卵石、地砖、磨石等，有的质感粗糙淳朴，有的质感细腻柔滑。不同质感的两种材料之间相得益彰，营造出独特的地铺效果，丰富了视觉效果和空间层次，并赋予庭院空间独特的民族性与时代性。

在以铺面为主的庭院中，其铺面的处理同样具有观赏价值，要考虑到铺面的图案美和俯瞰时的视觉效果。有的地面处理还可以加强建筑空间的相互关系以及表现环境特点（如图5－16所示）。

图 5 - 16　地面不同质感的材料之间相互组合

（2）新结构

各种新结构的发展（如空间结构）必然给庭院空间形态带来全新的概念。新加坡的海滨盛景商业综合体运用新结构、新材料对庭院围合体系进行了重新诠释，使庭院的内与外、人工与自然产生了全新的空间关系（如图 5 - 17 所示）。

图 5 - 17　新加坡的海滨盛景商业综合体

（3）光影

光线是生命之源，作为大自然的自然形态，通过作用于固有形态所产生的影的功能与作用促进了世界的多彩变化。自然万物在光作用下营造优美的意境，让观者产生共鸣。"夜泛南溪月，光影冷涵空""半亩方塘一鉴开，天光云影共徘徊"，宋代诗人葛胜忠和朱熹在诗中表现了月光与日光对于环境的作用，体现了光营造的空间氛围对人心理的影响。影作为光的衍生，在庭院空间的营造中有着重要的作用。合理利用光影变化对环境进行设计，有利于丰富庭院空间层次感，同时增加美丽意境（如图 5−18 所示）。

图 5−18　光影营造丰富的空间效果

5.3.3　要素途径运用的原则

庭院空间若要体现传统特色，则应符合变存结合的原则。

变存结合是指要素形式属性的变存结合，有的属性创新，则有的属性就保持传统特点，总之形式、材料、质感、色彩、结构不可全部求新或全部如旧。这种变存叠合会在人的视觉与知觉中引起历史文明与现代技术的综合感受。

越是新的东西，就越难理解；而完全理解的东西，则有可能是完全陈旧的。变存结合就是在新颖度与可理解性之间寻找最佳组合。

5.4 现代庭院空间的意境设计处理

5.4.1 现代庭院空间设计的误区

在当代中国的建筑创作中，对庭院空间的运用进行了很多尝试，中国建筑界曾有过"形似"与"神似"的大讨论，结论是"形神兼备"。但对于如何达到"神似"并无明确方法可依，传统庭院中的空间意象没有得到很好的继承，对意境的追求就更欠缺了。所以对传统的继承往往停留在"形似"的层次上，对"神似"（意境）则有种种误区。

（1）误区一：丧失

某些庭院空间中因意象的缺乏导致传统意境丧失殆尽。

有的新型四合院设计中，人并非通过庭院进入建筑，于是人的活动从院中消失，庭院成了仅仅满足采光通风的功能性天井，并无意境可言。有的多层围合的庭院失去了尺度，人置身其中如井底之蛙，无树无草，无风吹入，感受自然都已成为不可能，更谈不上以有尽寓无穷了。

有的庭院人无法直接进入，丧失了传统庭院意境的重要源泉——主题性。

传统庭院通过文化的引入引发人的联想，触动人的心灵，而不少当代庭院既无传统文化，也无当代文化的引入，缺乏使人驻足、倾听、畅想的主题。这些传统意象特征的匮乏，最终导致意境的丧失。

（2）误区二：照搬

某些当代庭院设计由传统庭院形式照搬而来，认为其意境也可随之而来。这种意境的照搬是不会成功的。意境是主客体的情景交融，是每一时代生活的艺术化，时代与生活都发生了变化，仅借用客体的形式，只能引发对遥远过去的回忆而不能与当代生活形成共鸣。如某当代宾舍，从整体到细部都精雕细刻，但庭院空间完全是几百年前的。当形式语言过分接近两百年前古人时，它所传达的情绪亦必然是两百年前的。

（3）误区三：曲解·误用

这一误区在于没有分析传统庭院产生意境背后的意象构成或没有认清它们的关系，仅对诸如小中见大、曲径通幽等描述性的手法或是堆山叠石等形式要素加以继承，结果是月亮门、湖石泛滥，庭院空间琐碎不堪，局部的趣味代替了整体的考虑，所谓的传统意境也就被曲解了。

一言以蔽之，就是"意"的丧失。

5.4.2 现代庭院空间意境继承与创新

社会在发展，因此庭院意境也不能囿于旧的传统，蹈袭前人的老路。亦步亦趋地因循古人，其实是从另一方面破坏艺术。袁枚曾就诗之意境的创新有过一番论述："……恐千百世后人，仍读韩、杜之诗，必不读类韩类杜之诗。"[15] 使韩杜生于今日，亦必别有一番境界，而断不肯为从前韩、杜之诗。建筑庭院艺术的继承创新亦是如此，唯有摆脱羁绊，探索符合时代生活的新意境，才能推陈出新。

当代生活发生了深刻的变化，同时传统文化还积淀在我们心理深层，当代庭院追求在传统文化与当代生活中寻找一个平衡点。

意境是生活的艺术化，是生活美的精神化，所以庭院设计必须深刻地感受生活。建筑是一种生活的艺术，建筑师不但不能逃避现实生活，而且必须很深刻地进入生活、体会生活，很现实地度量生活。当代庭院意象来源应更加丰富，除了艺术外，科学与生态更成为庭院的主题。如香山饭店，布局采用了传统的三合院的变体，其中古木森森，每一庭院均根据其特色加以命名（冠云落影、古木清风、松林杏暖、曲水流觞等），加上优美自然景色的引入，充分体现了传统的意象要素。同时，墙要素和屋顶要素从材料到形式到图案均摆脱了传统的局限，墙面仅以平面化的图案阐述历史，而四季厅虽为中庭，但其布置则是中国传统四合院式的，与东馆中庭通透流动的空间有明显区别，所以其意境亦是中国四合院的。

当代庭院意境的创新还是一个个性化的过程。当代建筑师在继承传统庭院的过程中很多形成了自己的风格，如安藤忠雄的素混凝土组合成的光与影的空间、黑川纪章的灰空间、高松伸的机器美学等。

庭院的生命力在于对传统庭院意境的继承与创新，这是历史的必然。

5.4.3　现代庭院空间的设计处理

通过设计构思所形成的各种形态的庭院空间，需要进行处理而使庭院空间获得意境、获得艺术感染力和观赏价值。现代建筑庭院空间的处理着重在四个方面：空间的处理、人性化的处理、视觉的处理和界面的处理。这四个方面互相补充、互相联系，成为一个统一的整体。

庭院空间的处理手法，应该是多样化的；对于传统手法的运用，应该是灵活的、发展的，创新的。要把建筑庭院空间与建筑空间看成一个整体进行设计，构成适宜的空间形态，为人们创造优美宜人、风格多样的环境。

（1）空间的设计

空间的设计包括庭院空间的形态和比例、空间的光影变化、空间的划分、空间的转折和隐现、空间的虚实、空间的渗透与层次、空间的序列等。

设计的目的，在于使庭院空间的形态更加动人，更为宜人，使空间增添层次感和丰富感，使室内外空间增添融合的气氛以及为了达到某种特定的空间意图。在这些方面的处理上，我国有许多优秀的传统手法，如用建筑物围闭；用墙垣和建筑物围闭；借助山石环境和建筑物围闭等完成空间的围闭与隔断；可以利用空廊互为因借；利用景窗互为渗透；利用门洞互为引申等完成空间的渗透与延伸。这些手法在现代建筑中如运用恰当，可以收到很好的效果。

空间序列的形成依院落不同而异。单院落庭院空间的层次和节奏感最简单、最基本，空间形式单一（如图 5 - 19 所示）。其中 I 是自然空间，Ⅱ是庭院空间，Ⅲ是建筑内部空间。当人未踏入院门，是处于漫无边际的自然空间里，客观上是庭院空间的预备阶段，它可以用列树、花坛、广场之类的手段，使与Ⅱ空间发生某种联系，一旦从 I 空间跨入院门，人们即被墙垣围成的庭院空间所吸引，如果院墙高度在60cm以下时，自然空间与庭院空间的界限，在视觉上只是有所感觉，两者在空间上仍融为一体；将院墙增高到90cm时，庭院空间的感觉就较明确；如果院墙高达160cm以上，人的视平线完全在庭院的范围内，和自然空间基本"隔绝"，墙外的高秆乔木和天空景色，在眺望上成了庭院空间之扩大，这种感觉在人坐下来观赏时特别强烈。Ⅲ空间在庭院诱观作用下，使人从庭院空间自然转入建筑内部空间，实际成了Ⅱ空间之引申。通过这一图例分析，我们可以了解到，有效地利用庭院空间的处理，既可做出空间的序列，又能呈现空间的层次，从而演化出庭景的情趣。

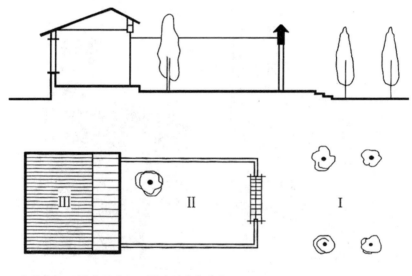

Ⅰ自然空间　Ⅱ庭园空间　Ⅲ建筑内部空间

图5-19　单院落庭院空间的层次与序列

与单院落庭院相比，多院落庭院在空间组合上有无可比拟的优越性，提供了异常有利的空间层次和景物序列的演化条件。多院落庭院的空间组合，不只是在一个庭院空间里组景，而是在建筑空间的限定、穿插与联络的多种情况下，形成了景物不同、空间不同、景效不同的数个庭院空间，同时又把这些个性各异的庭景，有机地串成一个整体。多院落庭院不能把各个院落孤立地分别考虑，必须以整个庭院的布局作为各庭组景的依据，并按其不同的使用功能来配置各庭景物，构出在统一基调下的各自特色，使庭院取得有主有次、有抑有扬、有动有静的安排，既可近赏静观，又能供人徘徊寻路。这样，从一个庭院空间过渡到另一个庭院空间，景色各异，但一脉相承，呈现极具韵律的丰富层次（如图 5－20a～b 所示）。

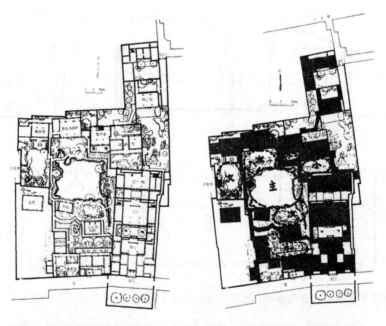

图 5－20a　网狮园平面图　　　5－20b　网狮园中多院落空间组合

（2）空间的人性化设计

庭院空间设计不仅应满足人们的生理需求，更重要的是满足人们的心理需求和社会需求。在人际关系日益淡漠的今天，建筑庭院空间应该给人们创造一个适宜的交往环境，一个人性化的环境。

据研究，现代庭院空间中人们的行为主要有运动、散步、休憩三种，以休憩为主。

休憩作为一种自发性活动，它对周围的环境具有较高的要求。首先，必须满足人体工程学设计的要求，需要考虑座位的尺度、材料、质感；其次，要满足人的心理需求，包括安全需求和交往需求。例如，人们就座时，往往选择人流无法穿过，有所依赖的座位。交往的需求表现为"交谈"以及"人看人"的几种方式。一个或两个以上具有交谈愿望的人往往需要有一定领域感的空间交流信息，L形、多凹形或凹凸两边形的座位设置可满足他们的需要。人在获得安全感的同时也需要一定的刺激度，这是形成"人看人"这种行为模式的理论依据，人们可以通过这种视觉交流的手段来体验自我表现存在和价值。所以在人来人往的场所边缘设置座椅可以为这种行为提供较好的观察点，人们从中获得大量的信息和愉快的体验。归纳一下就是坐有其位，坐有所依，坐有所视，坐有所安。此外，还可以适量进行环境设施的灵活性设计，即一部分环境设施可以采用固定的方式设置，如花钵、坐凳、阳伞等，以形成灵活多变的组合，适应不同的天气、气候和场合的需要。

在德国，人们对32个城市进行了比较研究，得出如下结论：人们更喜欢灵活可变的环境，而不喜欢由固定不能变动的设计元素组成的各种空间，因其难以适应人们的不同爱好和需要，无形中限制了人们的活动。总之，这种灵活性设计可以使人们根据各自的需要形成不同的组合方式，获得参与环境创造的满足感，使得庭院建筑空间更加人性化。

（3）空间的视觉设计

视觉设计也是庭院空间处理的重要方面，一般来说每个庭院空间，尤其是以观赏为主的庭院空间，都应组织视觉中心，也就是所谓的"组景"。"组景"可以是一个视觉中心，也可以一主一辅两个视觉中心。

我国传统庭院常以山石、泉水、盆景、花木（如岁寒三友松、竹、梅）引壁题字等艺术手段作为视觉中心。在我国现代建筑的庭院空间中也得到了进一步的运用和发展，为我国现代建筑庭院空间增添了独特的文化色彩与魅力。

①石景

现代建筑庭院空间的石景、山石，不能直接搬用传统的叠石手法，即传统的"透、瘦、皱、曲"的山石审美标准，而应该赋予时代的特征。山石尺度宜大，不宜小；形态宜整体，不宜琐碎，如广州的白云宾馆、东方宾馆和北京香山饭店的山石处理，尺度合宜，体态得当，给人以一种富有时代特点的美感。当布置群石时，仍如《园冶》中所说"最忌居中，更宜散漫"，并要注意置石的韵律感（如图 5-21 所示）。

图 5 – 21 现代庭院置石的韵律

②池水

以山泉、池水、山石为庭院空间的视觉中心，也是我国庭院设计的
传统手法，在现代建筑庭院空间中常被采用。水是自然界中与人关系最
密切的物质之一，水可以引起人们美好的情感，水可以"净心"，水声
可以悦耳，水又具有流动不定的形态，水可形成倒影，与实物虚实并
存，扣人心弦，这些特有的美感要素，使古今中外很多庭院空间都以水
为中心，而取得了完美的观赏效果。

水在庭院空间中首先要有一定的形态，中国传统园林艺术中称之为
"理水"。在我国现代建筑中大都运用了传统手法，水的处理采取了自
然形态，即使水面的形态趋于自然，少用或不用规则直线。池岸有的围
以山石，有的围以卵石，有的用混凝土做成树桥形式或曲线岸边等。池
岸的处理属于边界的处理，边界的处理过于琐碎就与建筑不相协调，在
现代建筑中又常以光洁的池岸为主，为了施工方便，直线与斜线的交叉

处理得当，也可获得"曲水流觞"的艺术效果。西方现代建筑多采用直线池岸，以取得和建筑相协调的效果（如图 5 – 22 所示）。

图 5 – 22　庭院池水

水景的处理离不开山石，山石因水而生动，所谓"山得水而活"，水中石更宜散漫，而且石形要兀然挺立，或与水相亲，不宜形成堆砌之感。水是有声有色的，要善于利用水的声和色，加强水景的观赏效果，如可用人造泉水点缀石上，形成水的流淌。又如可以池水作为庭院空间的视觉中心，搭配适当的山石，满足人们的亲水性，或将庭院空间中主要静态观赏点的廊子、平台等挑出水面，或伸入水面，或飘浮于水面之上，或在水面上做桥或汀步，水中置抽象雕塑。此外还有增添建筑小品、喷泉等处理手法。

我国是水资源缺乏的国家,故宜设置以浅水为主要模式的水景,还要注意地方气候,如在北方,冬天池岸底面的艺术图案的处理应满足视觉审美的需要。

③墙景

视觉中心的处理还可以集中于墙面之上,并使墙面与主要观赏点形成对景关系。墙面是庭院空间中的主要界面,把视觉中心集中在墙面上也容易取得突出的效果,在空间尺度较小的情况下,是一种常用的处理手法。墙面的视觉中心可以是雕塑、镶嵌艺术,也可以是壁泉等。为了扩大庭院的空间感,渲染墙面视觉中心的艺术效果,还常常在临墙一侧置以池水(如图5-23所示)。

图5-23 庭院景墙艺术

（4）空间的界面设计

①界面处理的内容

这里所讲的界面处理，其一就是要对地面和构成庭院空间的其他垂直面实体进行处理；其二是要对庭院空间中各不同界面实体之间的交接关系进行处理。如前面所说的将视觉中心集中处理于墙面之上的手法，也是界面处理的一种。这种情况下，其他建筑实体或墙面要尽可能处理得简洁一些，以便突出主题墙面，加强视觉中心的形成，如果视觉中心处理在庭院空间之中，则四周建筑实体或绿化树木都应该处理成为该视觉中心的背景为好。

在我国传统手法中，还常在庭院空间的死角处置景，以减弱空间界面所形成的死角的单调感。同时在墙面与地面交界处也常作置石等处理以消除交角的生硬。这些手法在现代建筑庭院空间的处理中常被采用，是一种处理死角的生动别致的手法。界面的处理还可以达到室内外交融的效果，如室内的墙面可以延伸到室外，室外的地面及花池、水池等建筑小品也可以伸进室内（如图 5 - 23 所示）。

图 5 - 24　庭院空间界面关系

②界面处理的方式

界面的处理还包括庭院空间中各部分的交接处理，如绿化（主要指草坪）与铺面的交接、水面与铺面的交接。这些交接部位的处理和这些不同界面之间的视觉关系、视觉效果直接影响到庭院空间的观赏价值。

好的界面处理的原则应该是：

a. 界面宜少不宜多，宜简不宜繁，尤其是在小空间的庭院中更是如此。

b. 界面宜纯不宜杂，则自然、清雅、朴实大方；杂则做作、混乱、庸俗。

c. 界面要有对比效果，恰当的对比才能出现良好的效果。

d. 界面交接要保持界面的完整性，不宜在交接处增加其他界面物。

5.4.4 现代庭院空间的意境处理

不同的使用功能具有不同的空间布局，同时也具有不同的空间意境。院落作为一个整体，所体现出来的空间气氛的整体感觉不仅取决于建筑设计，同时也与庭院的设计息息相关。庭院作为建筑空间的功能补充和空间延伸，所表现出来的空间气氛应与建筑保持一致，甚至可以进一步加强烘托某种意境的存在，使整个院落形成统一的空间感受。根据建筑所体现出的空间气氛的不同，可以把空间意境与庭院设计表现的关系归纳为以下四点：

（1）静谧与单纯

对于一些特殊类型建筑，例如教堂、纪念堂、特定要求的美术馆等，建筑物内部空间体现出静谧的空间气氛，与之相对应的庭院通常只运用少数几种甚至是一种类型的构成元素，并通过单纯的构图，以及与建筑单纯的空间关系进一步烘托出建筑静谧的空间气氛，并力求在单纯的视觉感官中激发出人的无限遐想（如图 5－24 所示）。

图 5－25　宁波柯力博物馆

（2）安静与幽深

对于某些使用性质需要安静的建筑，其中的庭院空间无论其功能使用性质是可游历的还是仅限于观赏的，都应体现出幽静深远的空间气氛，以延续和加强安静的环境氛围。这种状态下的庭院应较少使用动态性的构成要素，并且组织关系应以静态为主。烟台所城里社区图书馆中，庭院中垂直的钢柱和简单的铺地都促成了安静气氛的形成（如图 5－26 所示）。

图 5 – 26 山东烟台 所城里社区图书馆

（3）喧闹与活泼

对于城市的一些公共建筑，特别是商业建筑而言，应该考虑人与庭院空间的互动性、参与性，进而营造一种喧闹活泼的空间气氛。因此庭院的设计应充分利用动态构成要素，例如喷泉、瀑布等，使空间呈现动态特征，并力求为人提供丰富的空间形态。同时庭院中色彩的搭配应该鲜艳，以活跃整个空间气氛，调动人活动的积极性。例如在院落中，流水、瀑布的使用，形成活泼的空间气氛，吸引了大量的人流（如图 5 – 27 所示）。

图 5 – 27　院落中的流水、瀑布

（4）功能与使用

对于大多数类型的建筑而言，庭院的设计是从功能角度考虑的，要求在功能分区、空间尺度、庭院内部构成要素等各方面都能满足人的基本使用要求。例如在学校建筑中，庭院要被用作学生休息娱乐的场所，因此，学校的庭院就应该满足这一基本功能使用要求，为学生的活动提供良好的空间环境（如图 5 – 28 所示）。

图 5 – 28　学校休息娱乐场所

5.5 本章小结

本章从建筑的空间构成、空间类型、建筑与环境关系的不同角度入手，分析了现代庭院空间与中国传统庭院空间发生的某些关联。这种形式和表象上的一致性，其背后蕴藏着深刻的文化和哲学等内在制约因素。我们应该知其然，更应该知其所以然，只有这样，才能真正探知事物发展规律的本质。另外，也说明在现代庭院空间中，可以通过其关联性，继承和发展中国传统的庭院结构，使现代庭院空间更加适合人们的生活，和谐人际关系。

在信息化时代，世界各地的设计理念和设计风格自然地流传于每个地方，信息的交流如此之快，使我们很容易参考和借鉴不同的风格。现代的庭院空间设计运用了多种处理手段，充分运用了传统的和现代的手法以及传统的和现代的材料，根据不同的环境创造不同的设计风格。但不管怎样，庭院环境还是要以人为本，适合人们的生活习惯和交往需求，并在一定程度上贴近自然。

六　现代庭院设计案例分析与探索

6.1　当代优秀庭院案例分析

　　"传统并不是一堆现成的形式，这些形式不像从书架上取书那样，可以随意拿来使用。不过，我们可以阅读书本，体会它的内容，并且在适当的场合不时地应用这些体会心得。研究过去的形式，并对它们进行选择与创造，使其建立于当今基本形式的基础上，借鉴传统中的精华，并使其适应时代的要求，可称为传统的更新。"（倪震宇：《院空间及其研究方法》，载《山西建筑》2010年5月第36卷第14期。）下面将通过两个中外当代庭院的成功实例，从类型、构件、意境几方面分析它们在继承传统及开拓创新中的意念、手法和途径。建筑师的选择是有代表性的，一位是华裔建筑师贝聿铭先生，一位是日本建筑师黑川纪章。他们均受到东方庭院文化背景的熏陶，因此从二人庭院建筑作品的比较中可以得出典型性的结论。

6.1.1 以香山饭店为代表的中国现代庭院

贝聿铭在中国的作品一直致力于对中国传统深层美学的挖掘与借鉴，他始终坚持"建筑是一种社会艺术的形式"，它必须建立在需要的基础之上，但它又具有作为一门艺术所必备的审美要求。在对历史传统的态度上，他认为建筑和生活联系得十分紧密，中国有自己独特的历史与文化，创建一种符合当前时代的形式，这种形式应建立在当前的技术、材料与审美观的背景之上，反映时代的风貌。香山饭店是贝聿铭先生为探索适合中国的现代建筑所做的一次尝试，一系列大小不一的院落组合是设计中的精髓所在。

（1）空间与类型分析——传统庭院类型的融合

香山饭店庭院空间融入了中国传统庭院的三种类型：主要借鉴了江南园林中小型庭院和民居中的三合院；用地边缘的围墙与客房形成大小形状不同的封闭庭院；中心的四季厅（中庭）则是典型的四合院布局。香山饭店庭院的基本类型为顺应环境（古树、地势）的三合院加围墙（如图 6-1 所示）。

四季厅虽为中庭，但其界面语言、空间类型完全是传统中国庭院式的，与西方中庭的共享空间相比颇具异趣。四季厅内立面墙面划分与外立面类似。空间也完全是静态的内向空间，全无西方中庭那种错综复杂的流动空间，因此可称为有顶的四合院。

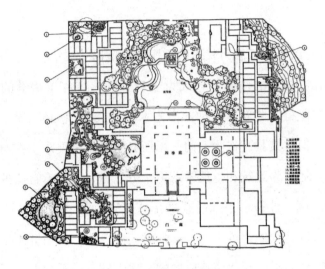

图 6-1　北京香山饭店平面图

香山饭店的立面类型也是受苏州民居的启发，白墙、灰色的小坡及灰色的线脚图案是传统要素的抽象。外立面用砖贴出来平面化的窗棂图案，窗洞虽小，界面却通过统一图案的充实而呈现虚化的倾向，于是这些界面所围合的庭院也就产生了类似于传统庭院内立面虚化的特征（如图 6-2 所示）。

图 6-2　香山饭店庭院、中庭窗洞

（2）要素分析——要素的重复与统一

在要素层次上，香山饭店最突出的特点就是符号的重复，形成了从墙面划分、门窗分格到家具、吊灯的符号系列。通过不同层次要素的重复和互相引用达到与串通的统一协调（如图6-3所示）。

图6-3 香山饭店中庭

在材料质感色彩方面，虽然不是木结构，但通过在墙面线脚图案划分中借鉴了唐代木构建筑的墙面划分，体现出传统木构的神韵，灰白的素雅色彩受江南园林影响，也适合香山的自然环境。

（3）意境分析——自然环境的主题性

香山饭店环境优美，其庭院空间的意境处理受环境的约定，充分表达出传统文人庭院的意境特征。冠云落日、曲水流觞、古木清风、松林杏暖、海棠花坞等诗意盎然的名称点明了庭院的主题；四季朝暮创造出不同的时空感受；曲水流觞的典故引入怀古情思；而香山古木清泉碧荫红叶的自然环境更将传统庭院中梦寐以求的自然意境引入庭院（如图6-4所示）。

图6-4 香山饭店 自然环境的意境特征

（4）总结

从香山饭店的庭院设计可看出，它从环境着手，在环境的约定下找出在中国如何将传统庭院要素融于现代主义庭院空间设计的一条可能选择的道路。

6.1.2　以日本民族学博物馆为代表的国外现代庭院

日本文化与中国有着紧密的联系，日本的建筑文化也深受中国建筑的影响，这种建筑传统的相似性使得日本建筑师对建筑传统的继承对我们有特殊的启发意义。在传统庭院空间的推陈出新方面，日本建筑师进行了不少有益的探索。这里仅举黑川纪章设计的民族学博物馆为例。

（1）空间与类型分析——室内和室外的共生

民族学博物馆可以说是结构主义与黑川纪章共生理论在庭院群体组合中的具体表达——展示庭院与展厅形成基本单元，由六个基本单元组成建筑。而从博物馆建成后的四次扩建中更可体会这种以庭院为基本单位的群体共生模式。共生思想是黑川纪章的核心思想，强调两种元素之间的中间领域，庭院空间是建筑空间与自然空间、室内空间与室外空间的过渡空间，因此它的模糊与不确定性丰富了空间的形式。从平面图中可以看出，由围绕庭院的展示空间与展示庭院构成基本单位，随需要改变，使建筑形成可以生长变化的"有机体"。通过庭院空间界面的围合和视线的渗透，庭院空间成为内与外的中间领域（如图 6 - 5a ~ b 所示）。

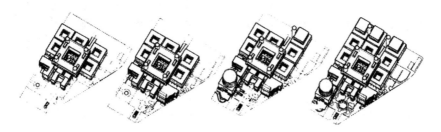

图6-5a 民族学博物馆分期建设轴侧图

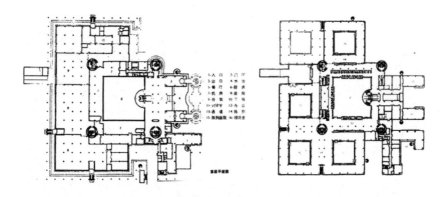

图6-5b 民族学博物馆首层、二层平面图

（2）要素分析——部分与整体的共生

该博物馆庭院反映了一种对立统一的关系，庭院与建筑要素组成的基本单位作为建筑整体的部分而存在。基本单元根据需要变化，这样就形成能够变化、生长、新陈代谢的建筑整体。

展示庭院中古代的石雕置于玻璃与铝板为光滑表面的高技术庭院中，表达了一种历史沧桑感的象征。

（3）意境分析——历史与现代的共生

博物馆从类型到构件均脱离了日本建筑的庭院传统，只是在庭院意境中可以领悟到日本文化那种静谧的禅意。

将历史和当代的物质技术相结合，并保持特有的个性和特征。

共生的两种手法：a. 将传统赋予新的内涵置于现代庭院形式之中，产生历史的记忆，如国立民族学博物馆陈列庭院；b. 在现代建筑中融入一些属于过去的气氛和基调，表达传统主题，如国立民族学博物馆的中央庭院（如图 6 - 6a ~ b 所示）。设计者的共生理论在国立民族学博物馆中得到了充分体现。

图 6 - 6a　民族学博物馆陈列庭院　　图 6 - 6b　民族学博物馆的中央庭院

在展示庭中，正方形的平面被划分为网格形，这种划分方式让人们联想到东方木结构传统建筑的平面原型。而在中央庭院内设有"未来遗址"巨型抽象空间雕像，仿佛将人们带到古老的过去。中心庭院也表达出有关时空的强烈主题性象征。这一意境也与民族博物馆的主题相符。可以说，黑川纪章是从更为抽象的高度继承传统。

（4）总结

黑川纪章从传统建筑文化中的建筑哲理（共生理论）入手，将全新的物质手段融入这种哲理中，从而以全新的形式蕴含传统的内涵。

6.2 庭院空间的继承和创新中的成功特点

通过以上分析可以总结出众多当代建筑师在庭院空间的继承和创新中成功的特点有以下几点：

（1）当代庭院空间设计要适应时代的需要，满足当代人们的社会生活和审美需要，才能让传统的精髓焕发新的生命力。

（2）运用当代的材料、技术和建造方式，在当代庭院空间设计中融入传统的神韵，顺应时代发展，反映时代的精神。

（3）在创新的同时，继承传统中有形的东西，更重要的是无形的东西，如审美观念、哲学思想等传统的精髓。

（4）基于人类对自然新的认识，建立当代的生态观念，促进两者的和谐发展。

（5）立足本国历史传统，以开放的态度对待世界建筑文化遗产的精髓，积极发展自己的当代建筑文化。

6.3 现代城市住宅庭院形式探索

现代意义上的庭院空间与传统民居的庭院空间有了很大的不同，它不再单单是一个家庭内部的空间，也是属于一个集合体的公共空间。庭院空间相对于城市和整个居住区而言，是内部空间，相对于组团内的住宅而言，是外部空间，是住宅与外部空间之间的过渡空间。庭院空间对于组团内的居民来说，具有较强的归属感和领域感，它既是老人聊天下棋的场所，也是儿童嬉戏的地方，也可以是人们集会、娱乐的场所。庭院空间同时是重要的景观要素，人们眺望窗外，最直接的景就是庭院景观。庭院空间有比较明确的空间界定，但空间并不是闭合，而是一种有效的围合。空间是建筑的延伸，或作为前景，或作为衬托，或作为视觉焦点，每一个这样的限定开放空间都是一个完整的实体，更是相邻的空间和构筑物不可分割的一部分。

庭院精神本质上是对土地的眷恋，真正的现代城市庭院，应该是立体庭院：公共庭院、私家庭院、公共楼顶庭院为一体的三层立体式院落结构。

6.3.1　高层住宅的庭院空间

如今，随着高层建筑越来越多地进入人们的生活，人们已经开始尝试在高层建筑中建造空中花园，使生活和工作在高层建筑中的人也能够接触到自然，因而出现了现代意义上的"空中花园"（如图 6 - 7 所示）。

图6-7　高层住宅空中花园

　　高层建筑与其他建筑之间的最大区别，就在于它有一个垂直交通和
管道设备集中在一起的、在结构体系中又起着重要作用的"核"。而这
个"核"也恰恰在形态构成上举足轻重，决定着高层建筑的空间构成
模式。新一代的高层建筑空间组织更为灵活多样，由于空间设计的侧重
点已由追求经济效益向营造宽松舒适的生活环境转变，所以许多新建的

高层建筑都以"景观空间"的概念，将共享空间与功能空间相结合，给人们以开敞明亮、将动线视觉化的空间感受。

社会调查发现，住在单元集合住宅内的居民之间感情淡漠，缺乏相互帮助和关心。住宅楼内如果设置交往空间，则能增进邻里生活融洽，创造居民相识环境，但是这个交往空间往往被人们所忽视。假如：我们在单元入口适当扩大面积，形成居民交往、待客、休息以至存放儿童小车或老人轮椅的场所，这在人流集散的高层住宅入口处尤为重要；将高层外廊局部扩大，既不影响人流交通，又使人们有相互交流和游戏及休息的场所；在高层交通枢纽处，适当扩大前室，增加休息空间，也是可取的；扩大楼梯平台为居民之间增加联络、交往的机会；底层架空为居民提供相互了解和交往的可能性等等措施，人与人之间关系就能密切，邻里接触就能增多。为了使这些空间具有实用价值，应该有意设置桌椅，种植绿化，配置游乐设施，使居民感受到这个辅助空间给他们添加了温暖祥和的气氛，从而增进邻里的情谊。或者采用局部挖空的办法，修建空中花园，在植物营造的静谧空间中，人们可以读书、静坐、交谈、私语，这样不但促进人与人相互交往，心灵的放松，也可以丰富建筑立面效果。

然而，空中毕竟不同于地面，"空中花园"的建设不仅需要有资金和技术的保障，还必须为绿色植物在高空中的生长存活提供合适的条件。

6.3.2　多层住宅的庭院空间

（1）菊儿胡同三期对四合院的类型分析

吴良镛教授主持的菊儿胡同"类四合院"一期、二期工程主要探

讨了"类四合院"的基本形式，而在三期工程中则全面研究了北京四
合院体系的类型及各种组合可能，提出了各种基本模式以及在基本模式
基础上演化出的派生模式（如图6-8所示）。

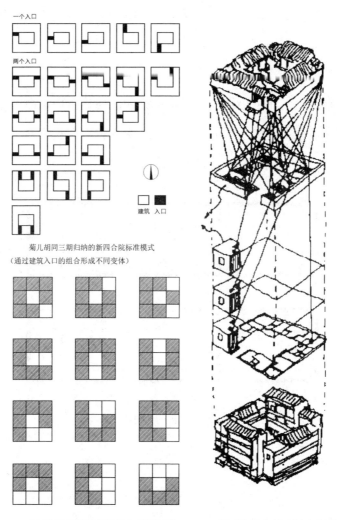

图6-8　菊儿胡同新四合院院落派生模式

（2）住吉的长屋

安藤对自然独特的体验，作了生动的注解。由封闭长方体所构成的住吉的长屋里，均等分割三段后所形成的中庭，扩大了住宅的领域，并成为生活的核心：从起居室到餐厅必须经过这个中庭，或者必须经由中庭的楼梯才能由起居室到卧室，借由这样进出中庭的生活方式，得以使居住者感受到在都市中渐失接触机会的风、雨、光，让自然因素进入，即使在下雨天，使用者仍须撑伞经由中庭才能通达对面。由中庭来连接周围空间，还原了住宅生活的日常情趣，是安藤企图找回在日本传统街屋里曾经有过的生动感觉（如图6-9a~b所示）。

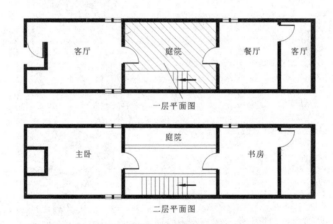

图6-9a　住吉的长屋平面图

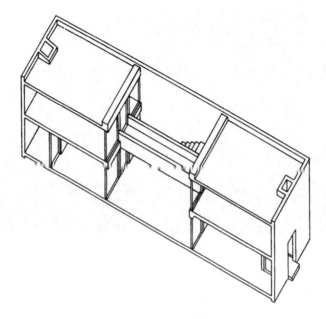

图 6 – 9b 住吉的长屋轴测图

　　自然应存在于居住行为中，在一个围砌的空间中，排除与外界的连结，由个人内在的经验与感知，塑造属于自己的"情感空间"。将四季变化的自然，导引至日常的生活空间，把自然与人紧紧联系在一起，成为生活的一部分。在安藤看来，"接触自然比生活便利更为重要"，人们在进进出出之中，重新找回久违了的对自然的体验（如图 6 – 10 所示）。

图 6 - 10 住吉的长屋 廊庭

6.4 现代住宅庭院设计的探索

庭院空间对现代住宅来说，应该是非常重要的一个空间环节。虽然在现代城市中，传统概念下的庭院空间已经很难立足，但依然会有很多新的解决方法，为住宅的居民营造都市绿洲。同时，传统的庭院文化也能在这里得到充分的利用。

6.4.1 社区共享型的庭院

社区共享型庭院其实并不是新形式，但在这方面人们做的并不是很成熟——社区风景优美的庭院往往是用昂贵的造价和维护费用换来的，这只能在少数高档小区和别墅区里才能实现，而大多数普通住宅区无法普及，庭院里也只是简单的花坛、简陋的凉亭，并没有真正体现出传统庭院文化的精髓。为改善社区生态环境，扩大居民的交往，社区庭院设计有必要重新进行探索。

（1）庭院的布局

社区庭院应该是共享型的，即社区住宅的居民都可以分享庭院空间，除了设计优美的庭院环境外，给他们自由的交往空间，并把社区的一些功能整合其中，如健身区、休息区、文化休闲、娱乐等。

（2）庭院的绿化

庭院所选用的植物应该以本土植物为主，能适应本地气候、水土，减小维护费用。绿化层次可以多样化，由高到低，由密到疏，由深到浅，色彩多样化，形成渐变的层次变化，并同时具有隔音、遮阳、阻断视线、调节庭院小气候的功能（如图6-11所示）。

图6-11　住宅小区中心庭院效果图

（3）庭院的意境

意境是中华民族各种艺术形式追求的最高境界。意境是传统庭院的核心，现代庭院的设计应该从传统庭院中汲取精华，同时也要深刻了解传统庭院背后所蕴藏的博大精深的中国文化，这才是根本。现代庭院设计在追寻意境的同时也要与时代同步。作为设计师，要设计出成功的庭院，就需有深厚的中国文化底蕴，同时还要深入生活，只有这样传统才能更好地延续（如图6-12所示）。

图6-12　上海融创滨江壹号院共享庭院

传统的庭院文化中意境是重要方面，而庭院的面积并非制约因素，通过良好的意境设计可以扩展空间，达到有限到无限的境界。社区的庭院空间往往有限，都是在城市的建筑森林中分割出的小块空间，如果能在庭院意境上做文章，也能营造优美的社区庭院。

6.4.2 空中花园式的庭院

空中花园也不是新概念，但在中国多数出现在私人住宅，同样不是多数人共享的庭院。在这里，主要的方法是在住宅建筑每层设计一个挑出的平台，存在于挑空的楼层之中，是一个悬空的、露天的花园。将庭院的设计要素应用于露天平台，营造空中花园。这种花园面向对应楼层的所有住户开放，相对来说，扩大了住宅的庭院面积，减少了庭院中人群的密度，特别适用于建筑密度较高的高层住宅（如图 6 - 13 所示）。香港的大型居住项目，为喜欢热闹的年轻人提供了一个充满活力的居住环境，颇受居民欢迎，成为远离城市生活的理想之地。

图 6 - 13　空中花园式庭院

6.4.3　共享中庭式的庭院

在住宅建筑中，将中庭空间引入住宅共享区域，这种中庭可以是封闭的、半封闭的或开放的。在北方适合封闭和半封闭，南方适合开放式。中庭式的庭院可以在相对封闭的空间里营造小气候，特别是在北方，可以将南方的热带植物引入庭院，不受气候变化的影响，保持一个始终是四季如春的空间环境。如墨西哥的 Barrank 公寓楼，一道天井（庭院）将两座五层高的建筑隔开。建筑中共包含 10 间公寓，天井作为整个项目的关键部分，联系了居住者们的日常生活。在首层，种满竹子和蕨类植物的小广场提供了共享的庭院空间（如图 6 - 14a ~ b 所示）。

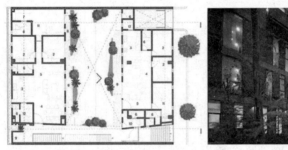 

图 6 - 14a　墨西哥的 Barrank 公寓楼平面　　图 6 - 14b　墨西哥的 Barrank 公寓楼中庭

　　由 ADHOC architects 事务所设计的加拿大蒙特利尔 La Géode 公寓，将原有街道融入居住社区中，形成社区内部共享庭院的形式，打破了蒙特利尔传统的街区模式，打断了冗长的建筑结构，创造全新的街内小景。如此，位于建筑内侧的住宅空间也可沐浴在自然光下（如图 6 - 15a ~ c 所示）。

图 6 − 15a 蒙特利尔 La Géode 公寓平面

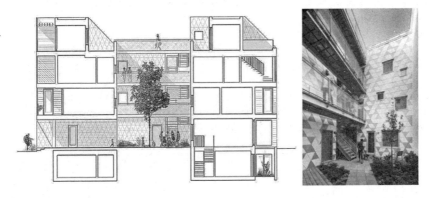

图 6 − 15b 蒙特利尔 La Géode 公寓立面　　图 6 − 15c 蒙特利尔 La Géode 公寓庭院

　　此外，这种全新的共享社区形式消除了黑暗的城市小巷，打造出活力的半开放居住环境。夹层空间设计，令阳光向空间内部的渗透更加彻底，也让建筑与相邻建筑关系更加和谐。立面的私人阳台增进了居住者与街道的关系，也令居住生活更加亲密和舒适。庭院空间如同城市绿洲般美化了社区生活。内部庭院、屋顶及下方空间以及各个房屋间隙，均变成树木、灌木及攀爬植物的良好栖息地。布满绿植的庭院阳光散落，平静宛若天堂。该项目也是设计师对共享中庭式庭院的创新性探索。

6.5　本章小结

通过以上案例分析我们可以看到，传统与当代结合的道路上，不同的人以不同的观点、不同的方式，运用相同的科学技术，也会产生不同的建筑风格。只有真正理解了传统，才能真正掌握这个时代。贝聿铭说，"只要建筑能够跟上社会的步伐，他们就永远不会被遗忘"，传统的精髓必将在当代闪耀新的光华。

现代的城市住宅往往是非常密集的建筑群，建筑周围能拥有的庭院空间非常有限，很多情况下，根本不可能有真正意义上的庭院。因此，庭院也逐渐发展到建筑空间中，甚至是室内的空间。通过空间的设计，并继承传统庭院文化中意境的营造，一样可以创造出接近自然的庭院空间。

结　论

　　传统庭院是传统文化的产物，要想继承和发展传统庭院的精髓就必须把它放回到它存在的文化中来研究。传统中不合时宜的元素、不能适应现代的部分被淘汰掉，而那些有价值的东西终究会脱离它所依附的旧的形式，而在新的形式中获得再生。由于土地的限制，现在的建筑大多是多层或高层，庭院空间的尺度已同旧的四合院空间在尺度上有了巨大差异。然而，在整个庭院的现代变革中，出现了许多新的形式。

　　通过对传统庭院空间和现代庭院的研究与案例分析，主要的结论体现在以下几个方面：

　　一、传统的庭院空间与现代庭院空间的关系

　　传统庭院空间是在平面上展开的，建筑的高度有限，水平向的感觉较强烈，大多可以找到较明确的轴线关系。庭院在平面上铺开伸展，形成平面的格局；而多层或高层院落除此以外，还有一个向上空间的感受，可以理解为形成一种竖向空间：一是增加了向上的空间感受；二是所面对的院落尺度变化后，人与人之间（尤其是楼与楼之间的人们）的关系不像以往那么密切，人际关系变得疏远，需要通过这种庭院来改变。而现在更多的设计者把注意力转向空中花园、楼梯间、阳台、露台的设计，在上升空间庭院布局中，邻里关系通过这种空间得到改善。所以，事实上传统庭院以新的形式出现，变得和以往传统庭院不同，但人际的交往、人在庭院空间的感受还是能够接近传统庭院的。

二、传统庭院空间中的意境在现代庭院空间的运用

意境的表达及手段是传统庭院中的精髓，也是传统庭院的常用手法。往往通过有限的空间表达无限的意境。现代建筑空间比过去更加有限，人们同自然的关系越来越远，通过庭院的意境创造，能够在狭小的空间中再造无限的自然，给人们带来自然、和谐的生活环境。

总之，我们应该看到，中国人所具有的渴望与自然和谐共处的理想生活观念自始至终都存在着，并一直努力把它变为现实。

参考文献

[1] 赵广超.《不只中国木建筑》,上海:上海科技出版社,2001

[2] 梁思成.梁思成文集.北京:中国建筑工业出版社,1986

[3] 刘敦桢.中国古代建筑史.北京:中国建筑工业出版社,1980

[4] 郑光复.中国古代建筑哲学概要.华中建筑,1993

[5] [美] 弗朗西斯·D·K.:建筑:形式·空间·秩序,邹德侬,方千里译,中国建筑工业出版社,1987

[6] 王振复.《中华古代文化中的建筑美》,学林出版社,1989

[7] 张永和.《试论建筑与文化》,建筑师(29)

[8] 陆建初.《智巧与美的形观》,学林出版社,1991

[9] [美] 沙里宁著.《形式的探索》,中国建筑工业出版社,1984

[10] 沈福煦,刘杰著.中国古代建筑环境生态观.湖北教育出版社,2002

[11] 章采烈.中国园林艺术通论.上海:上海科学技术出版社,2004

[12] [英] 彼得·柯林斯·现代建筑设计思想的演变.英若聪译.

北京：中国建筑工业出版社，2003

[13]［日］原口秀昭．世界二十世纪经典住宅设计．谭纵波译．中国建筑工业出版社，1997．

[14]［美］费正清等．中国：传统与变革．陈仲丹等译．南京：江苏人民出版社，1996

[15] 张家冀．中国造园论．太原：山西人民出版社，2003．

[16] 袁枚．《与洪稚存论诗书》

[17] 中国古典园林大观．天津：天津大学出版社，2003

[18] 梁思成张敫．建筑庭院空间．天津：天津科学技术出版社，1986

[19] 营造法式注释；上卷．北京：中国建筑工业出版社，1983

[20] 梁思成．中国建筑艺术图集：下卷．北京：百花文艺出版社，1998

[21] 吴庆洲．世界建筑史图籍．南昌：江西科学技术出版社，1994

[22] 黄金绮．风景建筑结构与构造．北京：中国林业出版社，1995

[23]［美］拉普普著．住屋形式与文化，张玫玫译．台北：境与象出版社，1980

[24] 景贵和．景观生态学．北京：科学出版社，1990．

[25]［德］玛丽安娜·鲍榭蒂．中国园林．闻晓明，廉悦东，译．北京：中国建筑工业出版社，1996

[26] 佟裕哲．中国景园建筑图解．北京：中国建筑工业出版

社，2001

[27] 胡长龙．园林规划设计．北京：中国农业出版社，2002

[28] 郑宏．环境景观设计，北京：中国建筑工业出版社，1999

[29] 余树勋．园林美与园林艺术．北京：科学出版社，1987

[30] 佟裕哲．中国传统景园建筑设计理论．西安：陕西科学技术出版社，1994

[31] 刘永德．建筑外环境设计．北京：中国建筑工业出版社，1996

[32] 刘滨谊．现代景观规划设计．江苏：东南大学出版社，1999

[33] 安怀起．中国园林史．上海：同济大学出版社，1991

[34] 周维权．中国古代园林史．北京：清华大学出版社，1990

[35] 洪得娟．景观建筑．上海：同济大学出版社，1999

[36] 王晓俊．风景园林设计．江苏：江苏科学技术出版社，1993

[37] 杜汝俭等．园林建筑设计．北京：中国建筑工业出版社，1986

[38] 刘庭风．中日古典园林比较．天津：天津大学出版社，2003

[39] 黄晓鸾．园林绿地与建筑小品．北京：中国建筑工业出版社，1996

[40] 任军．文化视野下的中国传统庭院．天津：天津大学出版社，2005

[41] 工如松．城市生态学．北京：科学出版社，1990

[42] 刘福智．佟裕哲 风景园林 建筑设计指导．机械工业出版社，2006

［43］成少伟．行为与公共环境设计．新建筑，1999（1）

［44］沈常红．城市住区外部空间环境探讨．太原大学学报2003，20

［45］［丹麦］杨·盖尔．交往与空间．北京：中国建筑工业出版社，1992

［46］琚利民．居住小区环境设计．山西建筑，2003（29）

［47］彭一刚．建筑空间组合论（第二版）．北京：中国建筑工业出版社，1998

［48］邹衍庆．中国传统建筑组群形态生成机制研究．南方建筑，2005（1）

［49］彭一刚．中国古典园林分析．北京：中国建筑工业出版社，1986

［50］［英］卡罗琳、博伊塞特．园艺设计大全·广东科技出版社，2002

［51］胡长龙等．园林规划设计·中国农业出版社，2003

［52］王晓俊．风景园林设计．2000（8）

［53］郑建启，杨华．建筑庭院空间的设计构思初探．建材科技，2002，3（22）

［54］王浩．城市生态园林与绿地系统规划．北京：中国林业出版社，2003

［55］刘杰．庭院——人为化的自然空间．环境与科学，2001，3（16）

［56］［明］计成．园冶 陈植注释 中国建筑工业出版社，1981

［57］夏昌世、莫伯治．漫谈岭南庭院，建筑学报 1963.3

［58］［英］Lan. L 麦克哈格．设计结合自然．丙经纬译．美国费城：福尔肯出版社，1969

［59］王庭熙等．园林建筑设计图选．南京：江苏科学技术出版社，1988

［60］中华人民共和国建设部．城市绿地分类标准．北京：中国建筑工业出版社，2002

［61］宗跃光．城市景观规划的理论和方法．北京：中国科学技术出版社，1993

［62］张敕．建筑庭院空间．天津：天津科学技术出版社，1986

［63］俞孔坚．景观．文化．生态与感知．北京：科学出版社，1998

［64］［日］安藤忠雄．安藤忠雄论建筑．北京：中国建筑工业出版社，2003

［65］［日］安藤忠雄．光．材料．空间．世界建筑，2001（2）

［66］［日］安藤忠雄．建筑的过程．世界建筑，2003（6）

引文注释

（1）梁思成．梁思成文集．北京：中国建筑工业出版社，1986

（2）刘敦桢．中国古代建筑史．北京：中国建筑工业出版社，1980

（3）［日］伊东忠太．中国建筑史 陈清泉 译 商务印书馆，1998

（4）李允鉌．华夏意匠．香港：广角镜出版社，1982

（5）缪朴．传统的本质——中国传统建筑的十三个特点［J］．建筑师，1998（4）

（6）郑光复．中国古代建筑哲学概要 华中建筑．1993（3）：12 -18

（7）［美］弗朗西斯·D. K. 著：建筑：形式·空间·秩序，邹德侬，方千里译，中国建筑工业出版社，1987

（8）王振复．《中华古代文化中的建筑美》，学林出版社，1989

（9）陈从周．《园林谈丛》，湖南大学出版社，2009

（10）袁行霈．《中国诗歌艺术研究》，北京大学出版社，1987

（11）张永和．《试论建筑与文化》，建筑师（29）

（12）陆建初．《智巧与美的形观》，学林出版社，1991